Diese Mitteilungen setzen eine von Erich Regener begründete Reihe fort, deren Hefte am Ende dieser Arbeit genannt sind.

Bis Heft 19 wurden die Mitteilungen herausgegeben von J. Bartels und W. Dieminger. Von Heft 20 an zeichnen W. Dieminger, A. Ehmert und G. Pfotzer als Herausgeber.

Das Max-Planck-Institut für Aeronomie vereinigt zwei Institute, das Institut für Stratosphärenphysik und das Institut für Ionosphärenpyhsik.

Ein **(S)** oder **(I)** beim Titel deutet an, aus welchem Institut die Arbeit stammt.

Anschrift der beiden Institute:

3411 Lindau

ISBN 978-3-540-06081-9   ISBN 978-3-642-65509-8 (eBook)
DOI 10.1007/978-3-642-65509-8

# ZUR THEORIE
# THERMISCH ANGEREGTER GEZEITEN IN DER
# E-SCHICHT DER IONOSPHÄRE

von

PETER HOLL

## Inhaltsverzeichnis

1. Beobachtungen und Grundlagen der Theorie .................................... 5
   1.1 Beobachtung von Gezeiten in der Ionosphäre ............................. 5
   1.2 Grundlagen der theoretischen Untersuchung von Gezeiten in der Ionosphäre ....... 6

2. Mathematische Formulierung des Problems .................................. 7
   2.1 Grundgleichungen ..................................................... 7
   2.2 Formulierung der Rand- und Anfangsbedingungen ........................ 9

3. Formale Eigenschaften der Lösungen ....................................... 11
   3.1 Lösung der horizontalen Bewegungsgleichungen .......................... 11
   3.2 Aufstellung einer Bestimmungsgleichung für die Größe y ................. 12
   3.3 Erfüllung der Randbedingungen bei $x = 0$ und $x = \infty$ .............. 14
   3.4 Lösungsverfahren für die Gleichung (3.46 b) ............................ 18

4. Näherungsmethode zur Lösung der Gleichungen ............................ 19
   4.1 Prinzipielle Diskussion einer Näherungsmethode ......................... 19
   4.2 Störungsentwicklung der horizontalen Bewegungsgleichungen ............. 20
   4.3 Approximative Bestimmung von y ...................................... 24
   4.4 Numerische Behandlung der Funktionalbeziehungen (4.30) und (4.31) ...... 26

5. Anregung von solaren Gezeiten in der E-Schicht der Ionosphäre ... 28
   5.1 Anregungsmöglichkeiten von Gezeiten ................................... 28
   5.2 Wärmeerzeugung durch Strahlungsabsorption ............................ 28
   5.3 Analyse und Berechnung der Anregungsfunktion ......................... 30

6. Ergebnisse und deren Vergleich mit Beobachtungen ........................ 33

7. Zusammenfassung ........................................................ 37

   Anhänge ................................................................. 38

   Anhang 1 : Vereinfachung der Grundgleichungen ............................ 38
   Anhang 2 : Die finite Hankel-Transformation ............................... 41
   Anhang 3 : Die Berechnung des inversen Operators $\bigcirc_x^{-1}$ ......... 43
   Anhang 4 : Symmetrieeigenschaften der Lösungen ........................... 45
   Anhang 5 : Zusammenstellung der berechneten Windsysteme ................. 46

   Literaturverzeichnis ..................................................... 57

# 1. Beobachtungen und Grundlagen der Theorie

## 1.1 Beobachtung von Gezeiten in der Ionosphäre

Unter der Bezeichnung atmosphärische Gezeiten versteht man globale Schwingungen der Atmosphäre mit Grundperioden von einem Sonnen- oder Mondentag. In den unteren Atmosphärenschichten spielen diese Vorgänge gemessen am Wettergeschehen nur eine recht bescheidene Rolle und sind im Gegensatz zu den ozeanischen Gezeiten mehr von theoretischem Interesse als von praktischer Bedeutung. Für größere Höhen jedoch gewinnen sie schnell an Gewicht, so daß man durchaus von einem wesentlichen Einfluß der Gezeiten im Bereich der Ionosphäre sprechen kann. Zumal mit dem Wandel, der sich in den letzten Jahren auf dem Gebiet der Hochatmosphärenphysik, besonders durch die Einführung neuer, direkter Beobachtungsmethoden, vollzog, gelangten die atmosphärischen Gezeiten sehr in den Blickpunkt des Interesses.

Die wohl älteste Methode, die Aufschluß über ionosphärische Gezeiten erteilt, ist die Beobachtung geomagnetischer Sq-Variationen, die von elektrischen Strömen in der E-Schicht herrühren. Erzeugt werden diese Ströme durch Gezeitenwinde. Es ist daher möglich, aufgrund der ionosphärischen Dynamotheorie bei bekannter Höhen- und Zeitabhängigkeit der elektrischen Leitfähigkeiten, die man aus der Verteilung der beobachteten Elektronenkonzentration berechnen kann, von den Sq-Variationen Rückschlüsse auf die Gezeitenwindfelder in der E-Schicht zu ziehen.

Arbeiten von GREENHOW und NEUFELD [1961] sowie ELFORD [1959] auf der Grundlage der Meteorspurmethode ist es zu danken, daß die Winde im Höhenbereich von 80 bis 100 km genauer analysiert werden konnten [HAURWITZ 1964]. Die Meteorspurmethode beruht darauf, daß Meteoriten beim Eintritt in die Erdatmosphäre eine Ionisationsspur erzeugen, die mit Hilfe von Radar vom Boden aus beobachtet werden kann. Für Höhen über 100 km versagt dieses Verfahren, da dann nämlich die Luftdichte zu gering ist, um noch nennenswert die Erzeugung von Ionisationsspuren zu ermöglichen.

In der E-Schicht kann man Windmessungen anhand der Beobachtung von Elektronendichteinhomogenitäten durchführen. Der experimentelle Nachweis dafür, daß bis zu Höhen von 125 km kein wesentlicher Unterschied zwischen den Bewegungen der neutralen und ionisierten Gaskomponenten existiert, dürfte ein Experiment erbracht haben, über das KOCHANSKI [1966] berichtet. Es wurden dabei künstlich erzeugte neutrale und ionisierte Gaswolken direkt nebeneinander beobachtet.

Die Methode der künstlich erzeugten leuchtenden Wolken, die erst durch den Einsatz von Raketen ermöglicht wurde, ist die aufwendigste zur Beobachtung von Winden in der Hochatmosphäre. Sie besitzt den großen Vorteil, daß mit ihr auch die Höhenabhängigkeit der Winde untersucht werden kann. Leider beschränkt sich hier die Beobachtung jedoch auf Zeiten des Sonnenauf- bzw. -untergangs, so daß eine exakte harmonische Analyse der Meßdaten wie bei der Meteorspurmethode unmöglich ist. Um dennoch zu Aussagen über die Gezeitenwinde zu gelangen, nimmt HINES [1966] an, daß sich der beobachtete Gesamtwind für eine bestimmte Höhe aus drei Anteilen zusammensetzt:

1    einer vorherrschenden Komponente
2    einer ganztägigen Komponente
3    einem Restglied.

Zur weiteren Vereinfachung macht HINES die Annahmen, daß der erste Anteil zwischen den beiden Beobachtungszeiten konstant bleibt und die ganztägige Komponente gerade eine halbe Umdrehung beschreibt. Auf diese Weise lassen sich die drei Anteile voneinander trennen. In Abschnitt 6 werden wir das Ergebnis der Analyse von HINES zum Vergleich mit der Modellrechnung heranziehen. WOODRUM und JUSTUS [1968] erweitern das Verfahren von HINES, indem sie annehmen, der Anteil 3 bestehe hauptsächlich aus der halbtägigen Gezeitenkomponente. Doch führt diese Methode selbst bei Auswertung zahlreicher Meßreihen auf keine signifikante halbtägige Schwingung, was jedoch nicht bedeutet, daß sie nicht existiert.

Alle Beobachtungen zeigen übereinstimmend, daß der Gesamtwind im Höhenbereich 90 bis 125 km zu 25 % aus einem Gezeitenanteil besteht, wobei für noch größere Höhen dieser Prozentsatz zunimmt. Zusammenfassend kann gesagt werden, daß die Gezeiten in Höhen von 80 bis 100 km an einzelnen Orten schon sehr gut in ihrem zeitlichen Verhalten untersucht sind. Für Höhen über 100 km reicht das direkte Beobachtungsmaterial noch nicht aus, genauere Aussagen über die zeitliche und großräumige Struktur der Winde zu machen. Hier ist man im wesentlichen noch auf die indirekte Beobachtungsmethode mit Hilfe der geomagnetischen Sq-Variationen angewiesen.

## 1.2 Grundlagen der theoretischen Untersuchung von Gezeiten in der Ionosphäre

Der theoretischen Beschreibung von Gezeiten liegt eine hydrodynamische Modellvorstellung zugrunde. Für die untere Atmosphäre oder gar den Ozean bedarf dieser Ansatz keiner weiteren Begründung. Für den Höhenbereich der E-Schicht, den zu untersuchen wir uns zur Aufgabe gesetzt haben, ist er jedoch nicht selbstverständlich; haben wir es hier zusätzlich zum Neutralgas mit elektrisch geladenen Teilchen zu tun, auf die magnetische und elektrische Kräfte wirken. Auf den ersten Blick sieht es daher so aus, als ob eine rein hydromechanische Beschreibung nicht mehr ausreiche. Andererseits konzentriert sich selbst in der Ionosphäre die Hauptmasse der Luft auf die Neutralgaskomponente. So beträgt in 100 km Höhe das Verhältnis der elektrisch neutralen zu den geladenen Partikeln ca. $10^7 : 1$ und in 200 km Höhe immerhin noch $10^5 : 1$. Offenbar werden also im fraglichen Höhenbereich die Bewegungsvorgänge vom in der Masse überwiegenden Neutralgas beherrscht, entsprechend der Anregung durch mechanische Kräfte und thermodynamische Prozesse. Die Bewegung der ionisierten Teilchen stimmt im wesentlichen mit der des Neutralgases überein, so daß für die Behandlung der ionosphärischen Gezeiten die Hydromechanik benutzt werden kann.

Der Gültigkeitsbereich einer linearen Gezeitentheorie wurde von vielen Autoren z.B. PEKERIS [1951] auf Höhen bis zu 100 km begrenzt, weil wegen des Anwachsens der Amplituden mit der Höhe quadratische Terme in den Differentialgleichungen nicht mehr vernachlässigt werden dürfen. Andererseits gewinnen aber Wärmeleitung und Viskosität mit zunehmender Höhe an Bedeutung, so daß unter Umständen durch die zusätzliche Berücksichtigung dieser Effekte die Amplituden gedämpft und die Gültigkeit der linearen Gezeitentheorie auf die E-Schicht ausgedehnt wird.

Sollen Wärmeleitung und Viskosität in der Theorie berücksichtigt werden, so ist das Auftreten von Turbulenz bedeutsam, da hierdurch die Größenordnung der beiden Effekte entscheidend beeinflußt wird. Nach einer Arbeit von BLAMONT und BARAT [1968] in Übereinstimmung mit früheren Untersuchungen von BLAMONT und DE JAGER [1961], BLAMONT [1963] sowie GREENHOW und NEUFELD [1959] tritt Turbulenz nur in einem Bereich unterhalb von etwa 100 km Höhe auf. Das sehr schnelle Abklingen der Turbulenz mit wachsender Höhe kann zwar nach BLAMONT plausibel gemacht werden, wenn man für die Reynolds-Zahl einen kritischen Wert von $Re_{krit} = 2000$ annimmt, wie er etwa für Strömungen in zylindrischen Röhren gilt. Jedoch scheint ein theoretisches Verständnis für den Entstehungsmechanismus der Turbulenz noch zu fehlen. Interessant für die letztere Frage ist eine Arbeit von LINDZEN [1968], die mit Hilfe des Richardson-Kriteriums die Stabilität des Geschwindigkeitsfeldes der Gezeiten untersucht und zu dem Schluß gelangt, daß der Höhenbereich von ca. 88 bis 95 km instabil ist.

## 2. Mathematische Formulierung des Problems

### 2.1 Grundgleichungen

Ein Verzeichnis einiger verwendeter Symbole und Größen sei vorangestellt:

$a$ = 6371 km = Erdradius

$g$ = 980 cm sec$^{-2}$ = mittlere Erdbeschleunigung

$M$ = 25 g Mol$^{-1}$ = mittleres Molekulargewicht der Luft

$R$ = 8,31 · 10$^7$ erg Mol$^{-1}$ Grad$^{-1}$ = allgemeine Gaskonstante

$c_v$ = spezifische Wärme bei konstantem Volumen

$c_p$ = spezifische Wärme bei konstantem Druck

$\gamma$ = 1,4 = Adiabatenexponent der Luft

$\varkappa$ = $\frac{\gamma-1}{\gamma}$ = $\frac{2}{7}$

$\omega$ = 7,292 · 10$^{-5}$ sec$^{-1}$ = Winkelgeschwindigkeit der Erdrotation

$\sigma$ = Kreisfrequenz der Schwingungen

$z$ = Höhe über der Erdoberfläche (positiv nach oben gerechnet)

$\varphi$ = geographische Länge (positiv nach Osten gerechnet)

$\vartheta$ = Poldistanz, Kobreite (positiv nach Süden gerechnet)

$\mathbf{v}$ = $(v_\vartheta, v_\varphi, v_z)$ = Geschwindigkeitsvektor (gerechnet in gleicher Orientierung wie die zugehörigen Koordinaten)

$T$ = $T_o(z) + \delta T$ = Temperatur in °Kelvin

$T_o$ = 200° K

$p$ = $p_o(z) + \delta p$ = Gesamtdruck

$\rho$ = $\rho_o(z) + \delta \rho$ = Gesamtdichte

$\rho_o(0)$ = 1,2 · 10$^{-3}$ g cm$^{-3}$ = Dichte am Erdboden

$H$ = $\frac{RT_o}{Mg}$ = 6,75 km = Skalenhöhe, Höhe der homogenen Atmosphäre

$\lambda$ = 2,8 · 10$^3$ erg cm$^{-1}$ Grad$^{-1}$ sec$^{-1}$ = molekularer Wärmeleitfähigkeitskoeffizient der Luft bei $T_o$ = 200° K

$\eta$ = 1,1 · 10$^{-4}$ g cm$^{-1}$ sec$^{-1}$ = molekularer Viskositätskoeffizient der Luft bei $T_o$ = 200° K

Nach dem unter Abschnitt 1 Gesagten bleiben elektromagnetische Kräfte unberücksichtigt. Die Bewegungsgleichung lautet somit:

$$\frac{d\mathbf{v}}{dt} = -\frac{1}{\rho} \operatorname{grad} p + \mathbf{g} - 2\vec{\omega} \times \mathbf{v} - \operatorname{grad} \Omega + \frac{\eta}{\rho}\Delta\mathbf{v} + \frac{\zeta+\frac{\eta}{3}}{\rho} \operatorname{grad} \operatorname{div} \mathbf{v} \,. \qquad (2.1)$$

Der Term grad $\Omega$ stellt die Gravitationsgezeitenkraft dar. Sie braucht, wie wir in Abschnitt 5 näher ausführen werden, für die solaren Gezeiten in der Ionosphäre nicht berücksichtigt zu werden. ( $\zeta + \frac{\eta}{3}$ ) ist der Koeffizient der Volumenviskosität. Sie kann aber, wie in Anhang 1 gezeigt wird, vernachlässigt werden.

Die Kontinuitätsgleichung hat die Form:

$$\frac{d\rho}{dt} + \rho \, \text{div} \, \vec{v} = 0 \, . \tag{2.2}$$

Die Luft wird vereinfacht als ideales Gas aufgefaßt, für das die Zustandsgleichung:

$$p = \frac{R}{M} \rho T \tag{2.3}$$

gilt.

Als weitere Beziehung gilt der 1. Hauptsatz der Thermodynamik, der unter Berücksichtigung der Wärmeleitung bei Vernachlässigung viskoser Dissipationseffekte folgende Form besitzt:

$$c_v \frac{dT}{dt} + \frac{p}{\rho} \, \text{div} \, \vec{v} = \frac{\lambda}{\rho} \Delta T + J \, . \tag{2.4}$$

J ist die der Atmosphäre pro Massen- und Zeiteinheit zugeführte Wärmemenge. Sie stellt das thermische Gegenstück zum Gravitationsgezeitenpotential dar. Die Berechnung der Anregungsfunktion J wird in Abschnitt 5 ausführlich beschrieben.

Die Gleichungen (2.1) bis (2.4) stellen ein nicht-lineares simultanes partielles Differentialgleichungssystem für die sechs unbekannten Größen $\vec{v}$, p, $\rho$, T dar. Es ist klar, daß dieses System nur unter einschränkenden vereinfachenden Annahmen mathematisch zu behandeln ist. Als erstes nehmen wir an, daß die Größen p, $\rho$ und T sich aus einer nur von der Höhe z abhängigen statischen Verteilung $p_o$, $\rho_o$ und $T_o$ sowie einer dagegen kleinen Störung $\delta p$, $\delta T$, $\delta \rho$ zusammensetzen. Die Geschwindigkeitsfelder $\vec{v}$ werden als von erster Ordnung klein angesehen. Diese Annahmen haben zur Folge, daß die Differentialgleichungen linear werden. Weiterhin werden $v_z$ und $\frac{\partial}{\partial t} v_z$ als so klein angenommen, daß sie aus den Bewegungsgleichungen gestrichen werden können. Die Erde wird als kugelförmig angesehen, was die Einführung sphärischer Koordinaten ermöglicht. Der Radiusvektor r wird aufgespalten in r = a + z.

Da z aber im Vergleich zu a nur wenig variiert, können wir setzen z $\ll$ a, was die Grundgleichungen weiter vereinfacht. Die Erdbeschleunigung g und das mittlere Molekulargewicht M werden als Konstanten und mithin als höhenunabhängig angesehen, was näherungsweise bis zu 150 km Höhe richtig ist. Speziell soll eine isotherme Modellatmosphäre zugrunde gelegt werden. Diese Vereinfachung ist im Höhenbereich der E-Schicht nicht besonders gut erfüllt, vereinfacht die Gleichungen aber beträchtlich. Als direkte Konsequenz dieser Annahme können Wärmeleitfähigkeit und Viskosität, die beide proportional $\sqrt{T_o}$ sind, als in erster Näherung konstante Größen behandelt werden.

Unter den gegebenen Annahmen und den in Anhang 1 beschriebenen Vereinfachungen wird aus den Gleichungen (2.1) bis (2.4) folgendes Gleichungssystem:

$$\frac{\partial v_\varphi}{\partial t} + 2\omega v_\vartheta \cos\vartheta = -\frac{1}{a\sin\vartheta} \frac{\partial}{\partial \varphi}\left(\frac{\delta p}{\rho_o}\right) + \frac{\eta}{\rho_o} \frac{\partial^2 v_\varphi}{\partial z^2} \tag{2.5}$$

$$\frac{\partial v_\vartheta}{\partial t} - 2\omega v_\varphi \cos\vartheta = -\frac{1}{a} \frac{\partial}{\partial \vartheta}\left(\frac{\delta p}{\rho_o}\right) + \frac{\eta}{\rho_o} \frac{\partial^2 v_\vartheta}{\partial z^2} \tag{2.6}$$

$$\frac{\partial \delta p}{\partial z} = - g \delta \rho \qquad (2.7)$$

$$\frac{dp_o}{dz} = - g \rho_o \qquad (2.7a)$$

$$\frac{d\rho}{dt} + \rho_o X = 0 \qquad (2.8)$$

$$X = \text{div}\,\mathbf{\Lambda O} = \frac{1}{a \sin\vartheta} \left[ \frac{\partial}{\partial \vartheta} (v_\vartheta \cdot \sin\vartheta) + \frac{\partial v_\varphi}{\partial \varphi} \right] + \frac{\partial v_z}{\partial z} \qquad (2.8a)$$

$$p_o = \frac{R}{M} \rho_o T_o = \rho_o g H \qquad (2.9)$$

$$\delta p = \frac{R}{M} (\rho_o \delta T + \delta \rho\, T_o) \qquad (2.9a)$$

$$c_v \frac{\partial \delta T}{\partial t} + \frac{p_o}{\rho_o} X = \frac{\lambda}{\rho_o} \frac{\partial^2 \delta T}{\partial z^2} + J \qquad (2.10)$$

J ist hier und im folgenden der zeitabhängige Term in der Fourierentwicklung der Gesamtanregungsfunktion. Zur Ableitung der Gleichungen (2.7) und (2.7a) wurde der Grundzustand der Atmosphäre als im hydrostatischen Gleichgewicht befindlich vorausgesetzt. Außerdem wurde in (2.7) der Coriolisterm $2\omega\, \rho_o v_\varphi \cdot \sin\vartheta$ vernachlässigt.

Für die Höhenabhängigkeit der Dichte gilt in einer isothermen Atmosphäre die Beziehung:

$$\rho_o = \rho_o(0)\, e^{-z/H}, \qquad (2.11)$$

wie aus (2.7a) und (2.9) leicht abzulesen ist.

Das System der Gleichungen (2.5) bis (2.10) ist nun bei Vorgabe der Temperatur $T_o$ bzw. der Skalenhöhe H und der Anregungsfunktion J zu lösen. Zu diesem Zweck müssen jedoch noch Rand- und Anfangsbedingungen gestellt werden, um das Problem eindeutig zu machen. Dies soll im folgenden Abschnitt geschehen.

## 2.2 Formulierung der Rand- und Anfangsbedingungen

Der Aufstellung der Grundgleichungen des Abschnitts 2.1 lagen im wesentlichen die Erhaltungssätze von Masse, Energie und Impuls zugrunde. Betrachten wir eine Fläche, an der sich $\mathbf{\Lambda O}$, $\rho$, p und T unstetig ändern können, so folgt [cf. LANDAU - LIFSCHITZ, 1966] aus den genannten Erhaltungssätzen folgendes Gleichungssystem:

$$[\rho v_n] = 0 \qquad \text{(Massenerhaltung)} \qquad (2.12)$$

$$\left[ \rho v_n \left( \frac{v^2}{2} + w \right) - \lambda \frac{\partial T}{\partial n} - \eta \left\{ v_n \left( 2 \frac{\partial v_n}{\partial n} \right) + v_x \left( \frac{\partial v_x}{\partial n} + \frac{\partial v_n}{\partial x} \right) \right.\right.$$
$$\left.\left. + v_y \left( \frac{\partial v_y}{\partial n} + \frac{\partial v_n}{\partial y} \right) \right\} - \left( \zeta + \frac{2}{3} \eta \right) v_n \left( \frac{\partial v_n}{\partial n} + \frac{\partial v_x}{\partial x} + \frac{\partial v_y}{\partial y} \right) \right] = 0 \qquad (2.13)$$

(Energieerhaltung)

$$\left[ p + (\zeta + \frac{2}{3}\eta)(\frac{\partial v_n}{\partial n} + \frac{\partial v_x}{\partial x} + \frac{\partial v_y}{\partial y}) + \rho v_n^2 + 2\eta \frac{\partial v_n}{\partial n} \right] = 0 \qquad (2.14)$$

$$\left[ \rho v_x v_n + \eta (\frac{\partial v_x}{\partial n} + \frac{\partial v_n}{\partial x}) \right] = 0$$

$$\left[ \rho v_y v_n + \eta (\frac{\partial v_y}{\partial n} + \frac{\partial v_n}{\partial y}) \right] = 0 \qquad \text{(Impulserhaltung)}$$

Dabei bedeutet $[a] = a_1 - a_2$ die Differenz einer Größe $a$ beiderseits der Grenzfläche. Der Index n bedeutet die Normalenrichtung zur Grenzfläche, x und y irgendwelche zueinander orthogonale Tangentialrichtungen. w ist die spezifische Enthalpie des Gases, für die speziell beim idealen Gas gilt:

$$w = \varepsilon_o + \frac{p}{\rho} + c_v T \qquad (2.15)$$

Hierbei ist $\varepsilon_o$ die konstante innere Energie am Temperaturnullpunkt.

Für die Formulierung der Randbedingungen am Boden nehmen wir an, daß der Erdkörper starr und nicht wärmeleitend ist. Aus Gleichung (2.12) und (2.13) folgt dann, wenn wir unseren Störungsansatz aus Abschnitt 2.1 einführen:

$$\delta\omega (0) = 0 \qquad (2.16)$$

$$\frac{\partial \delta T}{\partial z}(0) = 0 \qquad (2.17)$$

Der Impulserhaltungssatz liefert keine zusätzlichen Randbedingungen, weil bei einem zähen Medium Kraftwirkungen zwischen Erdboden und Gas stattfinden können.

Zur weiteren Festlegung der Lösungen des Systems (2.5) bis (2.10) müssen noch Randbedingungen im Unendlichen gestellt werden. Nach dem unter Abschnitt 1 und 2.1 Gesagten ist klar, daß für sehr große Höhen unsere Modellannahmen mit Sicherheit falsch sind. Es ist daher schwierig, für diesen Höhenbereich sinnvolle physikalische Randbedingungen zu finden. Die in der Literatur diskutierten Bedingungen sind insgesamt nicht frei von einer gewissen Willkür. Es ist aber nicht unvernünftig, solche Randbedingungen zu stellen, die im Sinne einer linearen Gezeitentheorie die schärfsten nur möglichen bedeuten. Insbesondere sind solche Lösungen auszuschließen, die für $z \to \infty$ divergieren. Diese schärfsten erfüllbaren Randbedingungen lauten, wie in Abschnitt 3.3 gezeigt wird:

$$\lim_{z \to \infty} \delta\omega (z) < \infty \qquad (2.18)$$

$$\lim_{z \to \infty} \delta T < \infty \qquad (2.19)$$

Im übrigen müssen die Lösungen eindeutig auf einer Kugelfläche um den Erdmittelpunkt sein. Dies bedeutet, daß alle Größen sich periodisch in $\varphi$ verhalten müssen. Sei eine Größe mit $a$ bezeichnet, so gilt:

$$a = \sum_s a_s e^{is\varphi} \qquad (2.20)$$

Eine weitere Bedingung, die man aus dem Fall einer um die Pole kreisförmig verlaufenden Begrenzungswand ableiten kann, fordert:

$$v_\vartheta \big|_{\vartheta = 0, \pi} = 0 \qquad (2.21)$$

Die Zeitabhängigkeit der Lösungen soll streng periodisch sein, was physikalisch bedeutet, daß Einschwingvorgänge außer acht gelassen werden:

$$a = \sum_n a_n e^{i \sigma_o n t} \qquad (\sigma = n \sigma_o). \qquad (2.22)$$

## 3. Formale Eigenschaften der Lösungen

### 3.1 Lösung der horizontalen Bewegungsgleichungen

Die Gleichungen (2.5) und (2.6) sollen unter den Randbedingungen (2.16), (2.17), (2.18) und (2.22) gelöst werden. Zu diesem Zweck denken wir uns die Größe:

$$y = \frac{\delta p}{\rho_o} \qquad (3.1)$$

vorgegeben. y soll dabei in jedem endlichen Intervall der Größe $x = \frac{z}{H}$ beschränkt bleiben. Für große Höhen $x$ soll höchstens ein lineares Anwachsen von y möglich sein. Nach Anhang 2 existiert dann die Hankel-Transformierte $\bar{y}$ von y.

Wenden wir auf (2.5) und (2.6) die finite Hankel-Transformation in der Form (A 2.3) und (A 2.4) an, so erhalten wir, wenn wir die transformierten Größen mit einem Querstrich bezeichnen:

$$i \sigma \bar{v}_\varphi + 2 \omega \cos \vartheta \, \bar{v}_\vartheta + \frac{is}{a \sin \vartheta} \bar{y} = \frac{\eta}{\rho_o(0) H^2} \int_0^\infty \frac{J_o(p e^{-\frac{x}{2}})}{2} \frac{\partial^2 v_\varphi}{\partial x^2} dx \qquad (3.2)$$

$$i \sigma \bar{v}_\vartheta - 2 \omega \cos \vartheta \, \bar{v}_\varphi + \frac{1}{a} \frac{\partial \bar{y}}{\partial \vartheta} = \frac{\eta}{\rho_o(0) H^2} \int_0^\infty \frac{J_o(p e^{-\frac{x}{2}})}{2} \frac{\partial^2 v_\vartheta}{\partial x^2} dx \qquad (3.3)$$

Wegen der Randbedingungen (2.16) und (2.18) wird hieraus mit Hilfe der Eigenschaft (A 2.5) des Transformationskerns nach partieller Integration:

$$i \sigma \bar{v}_\varphi + 2 \omega \cos \vartheta \, \bar{v}_\vartheta + \frac{is}{a \sin \vartheta} \bar{y} = - \frac{\eta p^2}{\rho_o(0) H^2 \, 4} \bar{v}_\varphi \qquad (3.4)$$

$$i \sigma \bar{v}_\vartheta - 2 \omega \cos \vartheta \, \bar{v}_\varphi + \frac{1}{a} \frac{\partial \bar{y}}{\partial \vartheta} = - \frac{\eta p^2}{\rho_o(0) H^2 \, 4} \bar{v}_\vartheta \qquad (3.5)$$

3.2                                    - 12 -

Aus diesen Gleichungen erhalten wir:

$$\overline{v}_\vartheta = \frac{\sigma(p)}{4 a \omega^2 (f^2(p) - \cos^2 \vartheta)} \left\{ \frac{is}{f(p)} \operatorname{ctg} \vartheta + i \frac{\partial}{\partial \vartheta} \right\} \overline{y} \qquad (3.6)$$

$$\overline{v}_\varphi = \frac{i \sigma(p)}{4 a \omega^2 (f^2(p) - \cos^2 \vartheta)} \left\{ \frac{is}{\sin \vartheta} + \frac{i}{f(p)} \cos \vartheta \frac{\partial}{\partial \vartheta} \right\} \overline{y} \qquad (3.7)$$

Hierbei bedeuten:

$$\sigma(p) = \sigma \left( 1 - i \frac{\eta p^2}{\rho_o(0) 4 H^2 \sigma} \right) \qquad (3.8)$$

$$f(p) = \frac{\sigma}{2\omega} \left( 1 - i \frac{\eta p^2}{\rho_o(0) 4 H^2 \sigma} \right) \qquad (3.9)$$

Die Größe der dimensionslosen Konstante $\varepsilon = \frac{\eta}{\rho_o(0) 4 H^2 \sigma}$ beträgt für die ganztägigen Schwingungen $6,75 \cdot 10^{-10}$.

Die Formeln (3.6) und (3.7) weisen formale Ähnlichkeit mit denen der klassischen Gezeitentheorie auf [cf. SIEBERT, 1961].

Die Umkehrungsformel (A 2.4) liefert schließlich:

$$v_\vartheta = \sum_p 2 \frac{J_o(pe^{-\frac{x}{2}})}{J_1^2(p)} \overline{v}_\vartheta \qquad (3.10)$$

$$v_\varphi = \sum_p 2 \frac{J_o(pe^{-\frac{x}{2}})}{J_1^2(p)} \overline{v}_\varphi \qquad (3.11)$$

Die Formeln (3.10) und (3.11) stellen die Lösung der horizontalen Bewegungsgleichungen (2.5) und (2.6) dar, und zwar unter Erfüllung der Randbedingungen. Durch (3.10) und (3.11) ist der funktionale Zusammenhang zwischen $v_\varphi$ und $v_\vartheta$ einerseits sowie y andererseits hergestellt. Die weitere Behandlung des Problems läuft darauf hinaus, eine Bestimmungsgleichung für die noch unbekannte Funktion y aufzustellen.

## 3.2 Aufstellung einer Bestimmungsgleichung für die Größe y

Für ein ideales Gas gilt bekanntlich folgende Beziehung zwischen den spezifischen Wärmen und der Gaskonstante:

$$M(c_p - c_v) = R \quad \text{oder} \quad c_v = \frac{R}{M} \frac{1}{\gamma - 1}$$

Aus Gleichung (2.10) wird somit:

$$i \sigma \delta T - \frac{M(\gamma - 1) \lambda}{R \rho_o} \frac{\partial^2 \delta T}{\partial z^2} = \frac{M \varkappa}{R} (\gamma J - \gamma g H X) \qquad (3.12)$$

Mit (2.8) und (2.9a) läßt sich dies umformen zu:

$$i\sigma \delta p - (\gamma-1)\lambda \frac{\partial^2 \delta T}{\partial z^2} = (\gamma-1) \rho_o J - \gamma g \rho_o H X + v_z g \rho_o \qquad (3.13)$$

Differenzieren wir dies nach z bei Beachtung von (2.7) und (2.7a), so folgt:

$$\frac{\partial v_z}{\partial z} = \gamma H \frac{\partial X}{\partial z} - (\gamma-1) X - \frac{\gamma-1}{g \rho_o} \frac{\partial}{\partial z}(\rho_o J) - \frac{\gamma-1}{g \rho_o} \lambda \frac{\partial^3 \delta T}{\partial z^3} \qquad (3.14)$$

Dividieren wir (3.13) durch $\rho_o$ und differenzieren anschließend nach z, so ergibt sich nach Einsetzen von (3.14):

$$i\sigma \frac{\partial y}{\partial z} = \frac{\gamma-1}{H \rho_o} \lambda \frac{\partial^2 \delta T}{\partial z^2} + (\gamma-1) \frac{J}{H} - g(\gamma-1)X \qquad (3.15)$$

Durch Differentiation von (3.14) nach z erhalten wir:

$$\frac{\partial}{\partial z}(X - \frac{\partial v_z}{\partial z}) = -\gamma \frac{\partial}{\partial z}(H \frac{\partial X}{\partial z} - X) + \frac{\gamma-1}{g} \frac{\partial}{\partial z}\left[\frac{1}{\rho_o} \frac{\partial}{\partial z}(\rho_o J)\right] + \ldots \qquad (3.16)$$

$$\ldots + \lambda \frac{\gamma-1}{g} \frac{\partial}{\partial z}(\frac{1}{\rho_o} \frac{\partial^3 \delta T}{\partial z^3})$$

Mit Hilfe von (3.12) läßt sich aus (3.15) und (3.16) X eliminieren. Nach einigen Umformungen führt dies auf die wichtige Beziehung:

$$\frac{\partial y}{\partial z} = \frac{R}{MH} \delta T \qquad (3.17)$$

Aus (3.14) ergibt sich unter Verwendung von (3.12) und (3.17) bei Einführung der reduzierten Höhe $x = \frac{z}{H}$:

$$X - \frac{1}{H} \frac{\partial v_z}{\partial x} = \frac{1}{g}\left[\frac{i\sigma}{\varkappa H}(\frac{\partial^2 y}{\partial x^2} - \frac{\partial y}{\partial x}) - \frac{\lambda M e^x}{RH^3 \rho_o(0)} \frac{\partial^4 y}{\partial x^4} + \ldots \right. \qquad (3.18)$$

$$\left. \ldots + \frac{1}{H}(J - \frac{\partial J}{\partial x})\right]$$

Mit Gleichung (2.8a) wird hieraus:

$$\frac{1}{a \sin \vartheta}\left[\frac{\partial}{\partial \vartheta}(v_\vartheta \cdot \sin \vartheta) + i s v_\varphi\right] = \frac{1}{g}\left[\frac{i\sigma}{\varkappa H}(\frac{\partial^2 y}{\partial x^2} - \frac{\partial y}{\partial x}) - \ldots \right. \qquad (3.19)$$

$$\left. \ldots - \frac{\lambda M e^x}{RH^3 \rho_o(0)} \frac{\partial^4 y}{\partial x^4} + \frac{1}{H}(J - \frac{\partial J}{\partial x})\right]$$

Für die Formulierung von Randbedingungen benötigen wir noch einen Zusammenhang zwischen $v_z$ und y. Aus Gleichung (2.8) folgt, wenn wir X mit Hilfe von (3.12) eliminieren und (2.9a) sowie (3.17) beachten:

$$v_z = \frac{1}{g}\left[i\sigma y - \frac{i\sigma}{\varkappa} \frac{\partial y}{\partial x} + \frac{\lambda M e^x}{RH^2 \rho_o(0)} \frac{\partial^3 y}{\partial x^3} + J\right] \qquad (3.20)$$

Es ist nun einfach, eine Bestimmungsgleichung für die Größe y aufzustellen. Aus (3.19) wird durch Eliminierung von $v_\vartheta$ und $v_\varphi$ mit Hilfe von (3.10) und (3.11):

$$\frac{i\sigma}{\varkappa H}\left(\frac{\partial^2 y}{\partial x^2} - \frac{\partial y}{\partial x}\right) - \frac{\lambda\,Me^x}{RH^3\rho_0(0)}\frac{\partial^4 y}{\partial x^4} + \frac{1}{H}\left(J - \frac{\partial J}{\partial x}\right) = \qquad (3.21)$$

$$\sum_p \frac{2J_0(pe^{-\frac{x}{2}})}{J_1^2(p)}\frac{i\sigma(p)g}{4a^2\omega^2}\,\mathbb{F}_p\left\{\int_0^\infty J_0(pe^{-\hat{x}/2})\,e^{-\hat{x}}y(\hat{x},\vartheta)\,d\hat{x}\right\}$$

$\mathbb{F}_p$ ist der folgende lineare Differential-Operator:

$$\mathbb{F}_p \equiv \frac{1}{\sin\vartheta}\frac{\partial}{\partial\vartheta}\left(\frac{\sin\vartheta}{f^2(p)-\cos^2\vartheta}\frac{\partial}{\partial\vartheta}\right) - \frac{1}{f^2(p)-\cos^2\vartheta}\left[\frac{s}{f(p)}\frac{f^2(p)+\cos^2\vartheta}{f^2(p)-\cos^2\vartheta} + \frac{s^2}{\sin^2\vartheta}\right] \qquad (3.22)$$

Das Problem besteht nun darin, Lösungen der Integrodifferentialgleichung (3.21) unter den Randbedingungen (2.16) bis (2.19) und (2.21) zu finden.

Wir werden dies in zwei Schritten vollziehen. Im ersten Teil soll Gleichung (3.21) so umgeformt werden, daß sie von sich aus die Randbedingungen bei $x = 0$ und $x = \infty$ erfüllt. Die so entstandene Gleichung soll dann unter Erfüllung der Randbedingungen in $\vartheta$ gelöst werden.

### 3.3 Erfüllung der Randbedingungen bei $x = 0$ und $x = \infty$

Wir skizzieren zunächst die allgemeine Idee, die dem Lösungsverfahren zugrunde liegt. Wir haben eine lineare inhomogene Differentialgleichung:

$$\mathbb{L}_x(y) = f(x) \qquad (3.23)$$

zu lösen unter den inhomogenen linearen Randbedingungen:

$$\mathbb{R}(y) = C \qquad (3.24)$$

an den Stellen $x = a$ und $x = b$. Die Lösung dieses Problems ist dann gegeben durch:

$$y = y_H + y_i \qquad (3.25)$$

wobei sich $y_H$ aus:

$$\mathbb{L}_x(y_H) = f(x)\,,\quad \mathbb{R}(y_H) = 0 \qquad (3.26a)$$

und $y_i$ aus:

$$\mathbb{L}_x(y_i) = 0\,,\quad \mathbb{R}(y_i) = C \qquad (3.26b)$$

bestimmt. Die Partiallösung $y_H$ läßt sich schreiben als:

$$y_H = \int_a^b G(x, x_0)\,f(x_0)\,dx_0 \qquad (3.27)$$

Dabei muß gelten:

$$\mathbb{L}_x(G(x, x_0)) = \delta(x - x_0)$$

$$\mathbb{R}(G(x, x_0)) = 0 \quad \text{für } x \neq x_0$$

$G(x, x_0)$ ist die Greensche Funktion, die wir für folgenden linearen Differentialoperator berechnen wollen:

$$\mathbb{L}_x(y) \equiv \frac{\partial^4 y}{\partial x^4} + \beta e^{-x} \left( \frac{\partial^2 y}{\partial x^2} - \frac{\partial y}{\partial x} \right) \tag{3.28}$$

wobei $\beta = -\dfrac{i\sigma R^2 \rho_0(0)}{\varkappa \lambda M}$ gesetzt ist. Die homogenen Randbedingungen (2.16), (2.17) und (2.19) lassen sich mit Hilfe von (3.17) und (3.20) umformen in:

$$\frac{\partial^2 y}{\partial x^2}(0) = 0 \tag{3.29}$$

$$\frac{\partial y}{\partial x}(\infty) < \infty \tag{3.30}$$

$$\beta \left( \varkappa y(0) - \frac{\partial y}{\partial x}(0) \right) + \frac{\partial^3 y}{\partial x^3}(0) = 0 \tag{3.31}$$

Die allgemeine Lösung der Gleichung $\mathbb{L}_x(y) = 0$ lautet dann, wenn wir setzen:

$$\tilde{Y}_0(x) = \int_0^x Y_0(2\sqrt{\beta}\, e^{-\hat{x}/2})\, d\hat{x}$$

$$\tilde{J}_0(x) = \int_0^x J_0(2\sqrt{\beta}\, e^{-\hat{x}/2})\, d\hat{x}$$

($J_0$ und $Y_0$ bezeichnen die Bessel- bzw. Neumannfunktion nullter Ordnung):

$$y(x,\vartheta) = c_1 \pi \left[ \int_0^x J_0(2\sqrt{\beta}\, e^{-\frac{\hat{x}}{2}}) \tilde{Y}_0(\hat{x})\, d\hat{x} - \int_0^x Y_0(2\sqrt{\beta}\, e^{-\frac{\hat{x}}{2}}) \tilde{J}_0(\hat{x})\, d\hat{x} \right] + c_2 \tilde{J}_0(x) + c_3 \tilde{Y}_0(x) + c_4 \tag{3.32}$$

Für die Ableitungen von $y$ gelten die Beziehungen:

$$\frac{\partial y}{\partial x} = c_1 \pi \left[ J_0(2\sqrt{\beta}\, e^{-\frac{x}{2}}) \tilde{Y}_0(x) - Y_0(2\sqrt{\beta}\, e^{-\frac{x}{2}}) \tilde{J}_0(x) \right] + c_2 J_0(2\sqrt{\beta}\, e^{-\frac{x}{2}}) + c_3 Y_0(2\sqrt{\beta}\, e^{-\frac{x}{2}}) \tag{3.33a}$$

$$\frac{\partial^2 y}{\partial x^2} = \sqrt{\beta}\, e^{-\frac{x}{2}} \left[ c_1 \pi \left\{ J_1(2\sqrt{\beta}\, e^{-\frac{x}{2}}) \tilde{Y}_0(x) - Y_1(2\sqrt{\beta}\, e^{-\frac{x}{2}}) \tilde{J}_0(x) \right\} + c_2 J_1(2\sqrt{\beta}\, e^{-\frac{x}{2}}) + c_3 Y_1(2\sqrt{\beta}\, e^{-\frac{x}{2}}) \right] \tag{3.33b}$$

$$\frac{\partial^3 y}{\partial x^3} = \beta e^{-x} \left[ c_1 \pi \left\{ J_0(2\sqrt{\beta}\, e^{-\frac{x}{2}}) \tilde{Y}_0(x) - Y_0(2\sqrt{\beta}\, e^{-\frac{x}{2}}) \tilde{J}_0(x) \right\} + c_1 \frac{1}{\beta} e^x + c_2 J_0(2\sqrt{\beta}\, e^{-\frac{x}{2}}) + c_3 Y_0(2\sqrt{\beta}\, e^{-\frac{x}{2}}) \right] \tag{3.33c}$$

Die Greensche Funktion $G(x, x_o)$ wird aufgespalten in $\underline{G}(x, x_o)$ für $x \leq x_o$ und $\overline{G}(x, x_o)$ für $x \geq x_o$. Sie besitzt die Form der Gleichung (3.32). Die Konstanten $c_i$ ($i = 1, 2, 3, 4$) hängen noch von $x_o$ ab. Die Randbedingungen (3.29) bis (3.31) liefern folgende Gleichungssysteme:

$$\underline{c}_1 = -\Delta c_1, \quad \underline{c}_2 = \frac{Y_1(2\sqrt{\beta})}{J_1(2\sqrt{\beta})} \Delta c_3, \quad \underline{c}_3 = -\Delta c_3, \quad \underline{c}_4 = \frac{1}{\beta\varkappa} \Delta c_1 \qquad (3.34a)$$

$$\overline{c}_1 = 0, \quad \overline{c}_2 = \Delta c_2 + \frac{Y_1(2\sqrt{\beta})}{J_1(2\sqrt{\beta})} \Delta c_3, \quad \overline{c}_3 = 0, \quad \overline{c}_4 = \Delta c_4 + \frac{1}{\beta\varkappa} \Delta c_1 \qquad (3.34b)$$

Die $\Delta c_i$ bestimmen sich dabei aus folgendem Gleichungssystem:

$$\sum_{i=1}^{4} \Delta c_i y_i^{(\nu)}(x_o) = \begin{cases} 0 \text{ für } \nu = 0, 1, 2 \\ 1 \text{ für } \nu = 3 \end{cases}$$

Die $y_i$ bedeuten dabei die Fundamentallösungen, wie sie in (3.32) angegeben wurden. Die Determinante $\text{Det}(y_i^{(\nu)}(x_o))$ ist offensichtlich die Wronski-Determinante des Fundamentalsystems an der Stelle $x = x_o$. Da die Differentialgleichung (3.28) keine dritte Ableitung enthält, ist $\text{Det}(y_i^{(\nu)}(x))$ nach der Identität von Abel eine Konstante für alle $x$-Werte. Es gilt:

$$\text{Det}\left(y_i^{(\nu)}(0)\right) = \text{Det}\left(y_i^{(\nu)}(x_o)\right) = -\frac{1}{\pi} \qquad (3.36)$$

Folglich wird:

$$\begin{aligned}
\Delta c_1 &= \pi \left[ y_2' \cdot y_3'' - y_2'' \cdot y_3' \right]_{x = x_o} \\
\Delta c_2 &= \pi \left[ y_3' \cdot y_1'' - y_3'' \cdot y_1' \right]_{x = x_o} \\
\Delta c_3 &= \pi \left[ y_1' \cdot y_2'' - y_1'' \cdot y_2' \right]_{x = x_o} \\
\Delta c_4 &= -\left[ y_1 \Delta c_1 + y_2 \Delta c_2 + y_3 \Delta c_3 \right]_{x = x_o}
\end{aligned} \qquad (3.37)$$

Einsetzen von (3.37) in (3.34a) und (3.24b) ergibt die Koeffizienten der gesuchten Greenschen Funktion, die zwar etwas unübersichtlich ist, im Prinzip aber folgende Form besitzt:

$$\begin{aligned}
G(x, x_o) &= \underline{c}_1(x_o) y_1 + \underline{c}_2(x_o) y_2 + \underline{c}_3(x_o) y_3 + \underline{c}_4(x_o) y_4 \quad (x \leq x_o) \\
&= \overline{c}_1(x_o) y_1 + \overline{c}_2(x_o) y_2 + \overline{c}_3(x_o) y_3 + \overline{c}_4(x_o) y_4 \quad (x \geq x_o)
\end{aligned} \qquad (3.38)$$

Die Partiallösung $y_H$ schreibt sich dann gemäß der Gleichung (3.27). Als nächstes soll noch kurz die Lösung des Problems:

$$\mathbb{L}_x(y_i) = 0; \quad \frac{\partial^2 y_i}{\partial x^2}(\infty) = 0, \quad \frac{\partial^2 y_i}{\partial x^2}(0) = 0, \qquad (3.39)$$

$$\beta\left(\varkappa y_i(0) - \frac{\partial y_i}{\partial x}(0)\right) + \frac{\partial^3 y_i}{\partial x^3}(0) = J(0, \vartheta)$$

angegeben werden, wobei $\mathbb{L}_x$ wieder in der Gestalt (3.28) vorliegt.

Es ergibt sich:

$$y_i(x,\vartheta) = \frac{1}{\varkappa\beta} J(0,\vartheta) \qquad (3.40)$$

Nach diesen Überlegungen wenden wir uns dem ursprünglichen Problem zu, die Gleichung (3.21) so umzuformen, daß die vertikalen Randbedingungen erfüllt werden.

Der Übersichtlichkeit halber formulieren wir das Problem in Operatorenschreibweise. Es sei folgendes lineares Randwertproblem vorgelegt:

$$\mathbb{L}_x(y) + \mathbb{J}(y) = f(x,\vartheta) \quad , \quad \mathbb{R}(y) = C \qquad (3.41)$$

$\mathbb{L}_x$ ist dabei der Differentialoperator (3.28). $\mathbb{J}$ sei ein linearer Integro-Differentialoperator. $\mathbb{R}$ repräsentiere die Randbedingungen (3.39). Die Lösung von (3.41) läßt sich folgendermaßen aufspalten:

Sei $y_i$ definiert durch:

$$\mathbb{L}_x(y_i) = 0 \quad , \quad \mathbb{R}(y_i) = C \qquad (3.42)$$

dann ist y gegeben durch:

$$y = y_i + y_o \qquad (3.43)$$

wobei sich $y_o$ bestimmt aus dem Randwertproblem:

$$\mathbb{L}_x(y_o) = f(x,\vartheta) - \mathbb{J}(y_i) - \mathbb{J}(y_o) \quad , \quad \mathbb{R}(y_o) = 0 \quad . \qquad (3.44)$$

Kennen wir jetzt die Greensche Funktion von $\mathbb{L}_x$ unter den homogenen Randbedingungen $\mathbb{R}(y) = 0$, so bestimmt sich $y_o$ aus der Integrodifferentialgleichung nach:

$$y_o(x,\vartheta) = \int_0^\infty G(x,x_o)\left[f(x_o,\vartheta) - \mathbb{J}(y_i)\right]dx_o - \int_0^\infty G(x,x_o)\mathbb{J}\left(y_o(x_o,\vartheta)\right)dx_o \qquad (3.45)$$

Für die Gleichung (3.21) ist die Greensche Funktion $G(x, x_o)$ durch (3.38) gegeben; $y_i$ besitzt die Form (3.40). Insgesamt wird mithin aus (3.21):

$$y(x,\vartheta) = \frac{1}{\varkappa\beta} J(0,\vartheta) + y_o(x,\vartheta) \qquad (3.46a)$$

$$y_o(x,\vartheta) = \int_0^\infty G(x,x_o) \frac{RH^2 \rho_o(0)}{\lambda M} e^{-x_o} (J - \frac{\partial J}{\partial x_o}) dx_o + \ldots \qquad (3.46b)$$

$$\ldots + \int_0^\infty G(x,x_o) dx_o \sum_p \frac{2 J_o(pe^{-\frac{x_o}{2}})}{J_1^2(p)} \frac{i\sigma(p) RH^3 \rho_o(0)}{4a^2 \omega^2 \lambda M} e^{-x_o} \mathbb{F}_p\left\{\int_0^\infty \frac{J_o(pe^{-\frac{\hat{x}}{2}})}{2} e^{-\hat{x}}\left[\frac{1}{\varkappa\beta} J(0) + y_o(\hat{x},\vartheta)\right]d\hat{x}\right\}$$

Damit ist der erste Schritt zur Lösung getan. Die Gleichungen (3.46a) und (3.46b) stellen Funktionalbeziehungen dar, welche die vertikalen Randbedingungen von selbst mit umfassen. Es treten keine Differentialoperationen nach x mehr auf. Das erste Integral in (3.46b) bezeichnet eine bekannte Funktion, der zweite Integralterm ist ein partieller Integro-Differentialoperator, der auf die gesuchte Funktion $y_o(x,\vartheta)$ wirkt.

## 3.4 Lösungsverfahren für Gleichung (3.46b)

Die weitere Behandlung des Problems hängt entscheidend davon ab, ob und in wieweit es gelingt, die Funktionalbeziehung (3.46b) zu lösen. Hierbei ist die $\vartheta$-Abhängigkeit von y noch der Randbedingung (2.21) zu unterwerfen. Es muß aber ausdrücklich betont werden, daß eine Separation der Gleichung in eine reine x- und $\vartheta$-Abhängigkeit unmöglich ist, weil der Operator $\mathbb{F}$ von p abhängt. Schon diese Tatsache kompliziert den Sachverhalt wesentlich. Hinzu treten, wie sich zeigen wird, weitere Schwierigkeiten.

Wir üben auf (3.46b) die finite Hankel-Transformation (A 2.3) aus und erhalten in der üblichen Schreibweise:

$$\bar{y}_o(p,\vartheta) = \bar{A}(p,\vartheta) + \int_0^\infty \bar{G}(p,x_o) dx_o \sum_p \frac{J_o(pe^{-\frac{x_o}{2}}) i\, \sigma(p) g R H^3}{J_1^2(p)\, 4a^2 \omega^2 \lambda M} \rho_o(0) e^{-x_o} \mathbb{F}_p(\bar{y}_o) \qquad (3.47)$$

Dabei stellt $\bar{A}$ die Hankel-Transformierte der beiden ersten Integrale in (3.46b) dar, die ja gegeben sind und die Anregung repräsentieren. Betrachten wir nun für ein fest vorgegebenes p die Differentialgleichung:

$$\mathbb{F}_p\{\Theta_n(p,\vartheta)\} + \frac{4a^2\omega^2}{g h_n(p)} \Theta_n(p,\vartheta) = 0 . \qquad (3.48)$$

Zusammen mit der Randbedingung (2.41) sowie der Forderung, die Lösungen sollen endlich im Intervall $0 \leq \vartheta \leq \pi$ sein, stellt (3.48) ein Eigenwertproblem dar. Die $\Theta_n(p,\vartheta)$ sind Hough-Funktionen [cf. HOUGH 1897/98, SIEBERT 1961, FLATTERY 1967], allerdings für die komplexe Frequenz:

$$\sigma(p) = \sigma\left(1 - i \frac{\eta p^2}{\rho_o(0) 4 H^2 \sigma}\right).$$

Wir nehmen nun an, daß die $\Theta_n(p,\vartheta)$ ein vollständiges Orthogonalsystem bezüglich $\vartheta$ bilden. Dann ergibt sich für $\bar{y}_o(p,\vartheta)$ die Darstellungsmöglichkeit:

$$\bar{y}_o(p,\vartheta) = \sum_n \bar{y}_{on}(p) \cdot \Theta_n(p,\vartheta) . \qquad (3.49)$$

Setzen wir (3.48) und (3.49) in (3.47) ein, so führt dies auf:

$$\sum_n \bar{y}_{on}(p) \Theta_n(p,\vartheta) = \sum_n \bar{A}_n(p) \Theta_n(p,\vartheta) - \ldots$$

$$\ldots - \int_0^\infty \bar{G}(p,x_o) dx_o \left\{ \sum_{p'} \frac{J_o(p'e^{-\frac{x_o}{2}}) i \sigma(p')}{J_1^2(p') \lambda M} R H^3 \rho_o(0) e^{-x_o} \left( \sum_m \frac{\bar{y}_{om}}{h_m(p')} \Theta_m(p',\vartheta) \right) \right\} \qquad (3.50)$$

Wir normieren:

$$\int_0^\pi \Theta_n(p,\vartheta) \cdot \Theta_m(p',\vartheta) \sin\vartheta\, d\vartheta = \delta_{n,m}^{p,p'} . \qquad (3.51)$$

Offenbar ist $\delta_{n,m}^{p,p'} = \delta_{n,m}$ für $p = p'$. Dies läßt sich mit Hilfe der Differentialgleichung (3.48) zeigen. Führen wir in (3.50) die Integral-Transformation (3.51) aus, so kommen wir schließlich auf folgende Beziehungen:

$$\bar{y}_{on}(p) = \bar{A}_n(p) - \sum_{p',m} \int_0^\infty \bar{G}(p, x_o) \frac{J_o(p'e^{-\frac{x_o}{2}}) i \sigma(p') RH^3 \rho_o(0)}{\lambda M} e^{-x_o} dx_o \frac{\delta_{n,m}^{p,p'}}{h_m(p)} \bar{y}_{om}(p') \quad (3.52)$$

(für alle p, n)

(3.52) stellt ein unendliches Gleichungssystem für die Größen $\bar{y}_{on}(p)$ dar. Wegen der Inhomogenität der Randbedingungen erhalten wir als Gesamtlösung des Problems gemäß (3.46a):

$$y(x, \vartheta) = \frac{1}{\varkappa \beta} J(0, \vartheta) + \sum_{p,n} 2 \frac{J_o(pe^{-\frac{x}{2}})}{J_1^2(p)} \theta_n(p, \vartheta) \bar{y}_{on}(p) \quad (3.53)$$

Damit ist zumindest theoretisch die allgemeine Form der Lösung für die Größe $y(x, \vartheta)$ gefunden. In der Praxis wird jedoch die Behandlung des Gleichungssystems (3.52) äußerst umständlich sein. Dies liegt einmal daran, daß zunächst (3.48) für sehr viele p-Werte zu lösen wäre, damit die Transformation (3.51) ausgeführt werden könnte. Außerdem ist die Größe $\varepsilon$ in (3.8) und (3.9) sehr klein, was eine schlechte Konvergenz der Reihen, insbesondere von (3.10) und (3.11), bedingt.

Wir wollen uns daher nach Näherungsmethoden umsehen, die den besonderen physikalischen Verhältnissen des vorliegenden Problems angepaßt sind. Insgesamt hat der Abschnitt 3 jedoch gezeigt, daß eine exakte Lösung im Prinzip gefunden werden kann und daß die gestellten Randbedingungen, namentlich die im Unendlichen (Gleichung (2.18) und (2.19)), eine Lösung zulassen.

## 4. Näherungsmethode zur Lösung der Gleichungen

### 4.1 Prinzipielle Diskussion einer Näherungsmethode

Die Behandlung der horizontalen Bewegungsgleichungen (2.5) und (2.6) stößt auf Schwierigkeiten, weil die Lösungsreihen (3.10) und (3.11) schlechte Konvergenzeigenschaften aufweisen, die letztlich durch die geringe Größe des Reibungsparameters $\varepsilon$ in (3.8) und (3.9) verursacht werden. Andererseits rührt die Kompliziertheit der mathematischen Behandlung, insbesondere die Unmöglichkeit, die entstehenden Funktionalbeziehungen in eine x- und $\vartheta$-Abhängigkeit zu separieren, von der Anwesenheit der Coriolisterme in (2.5) und (2.6) her. Da jedoch in der E-Schicht die Reibungsterme in den horizontalen Bewegungsgleichungen von gleicher Größenordnung wie die Coriolisglieder sind und in noch größeren Höhen sogar überwiegen, gerade dieser Höhenbereich aber für uns physikalisch interessant ist, liegt es nahe, die Gleichungen durch einen Störungsansatz nach dem Coriolisparameter $\frac{2\omega}{\sigma} \cos \vartheta = \tau \cos \vartheta$ approximativ zu lösen. Ein solches Vorgehen verspricht schnelle Konvergenz des Verfahrens für den Höhenbereich der E-Schicht. Andererseits birgt diese Methode eine neue Schwierigkeit in sich.

Der Störungsansatz nach dem Coriolisparameter bedeutet, daß als Ausgangszustand in der Rechnung die atmosphärischen Gezeiten auf der nicht-rotierenden Erde genommen werden. Die Erdrotation wird erst bei den folgenden Iterationsschritten berücksichtigt. Es ist jedoch eine bekannte Tatsache [cf. HAURWITZ 1941], daß es auf der rotierenden Erde neben den durch Gravitation erzeugten Wellen auch Schwingungstypen gibt, die von den durch die Rotation bedingten Trägheitskräften herrühren. Anhand eines einfachen Modells weist HAURWITZ nach, daß speziell die von Corioliskräften hervorgerufenen Trägheitswellen Eigenperioden besitzen, die nicht kleiner sein können als eine halbe Rotationsperiode. Mithin dürfte das oben beschriebene Störungsverfahren für die halbtägigen und kürzerperiodischen Gezeiten unproblematisch sein. Für die ganztägigen Schwingungen deutet sich jedoch die Möglichkeit an, die der folgende Abschnitt bestätigen wird, daß die Wellen vom Trägheitstypus nicht erfaßt werden. Hier bedarf es dann einer zusätzlichen Überlegung, die angedeutete Schwierigkeit zu umgehen. Insgesamt wird jedoch die beschriebene Näherungsmethode für numerische Rechnungen dem in Abschnitt 3 dargelegten exakten Lösungsverfahren überlegen sein.

## 4.2 Störungsentwicklung der horizontalen Bewegungsgleichungen

Wir führen folgenden Differentialoperator ein:

$$\bigodot_x \equiv i - \frac{\eta e^x}{\sigma \rho_o(0) H^2} \frac{\partial^2}{\partial x^2} \qquad (4.1)$$

Mit $\bigodot_x^{-1}$ bezeichnen wir den unter den gegebenen Randbedingungen inversen Operator. Seine explizite Form ist im Anhang 3 beschrieben.

Wenden wir auf die horizontalen Bewegungsgleichungen (2.5) und (2.6) den Operator $\bigodot_x$ an, so läßt sich leicht jeweils eine Bestimmungsgleichung für $v_\varphi$ und $v_\vartheta$ finden:

$$\left\{ \bigodot_x \cdot \bigodot_x + \tau^2 \cos^2 \vartheta \right\} v_\varphi = \left\{ \frac{1}{\sigma a} \tau \cos \vartheta \frac{\partial}{\partial \vartheta} - \frac{is}{\sigma a \sin \vartheta} \bigodot_x \right\} y \qquad (4.2)$$

$$\left\{ \bigodot_x \cdot \bigodot_x + \tau^2 \cos^2 \vartheta \right\} v_\vartheta = \left\{ -\frac{1}{\sigma a} \bigodot_x \frac{\partial}{\partial \vartheta} - \frac{is}{\sigma a \sin \vartheta} \tau \cos \vartheta \right\} y \qquad (4.3)$$

wobei $\tau = \frac{2\omega}{\sigma}$ gesetzt wurde.

Wenden wir auf diese Gleichungen die finite Hankel-Transformation aus Anhang 2 an, so ergeben sich wieder die Gleichungen (3.4) und (3.5), die wir in abgewandelter Form schreiben können als:

$$(\alpha^2 + \tau^2 \cos^2 \vartheta) \bar{v}_\varphi = \left[ \frac{1}{\sigma a} \tau \cos \vartheta \frac{\partial}{\partial \vartheta} - \frac{is}{\sigma a \sin \vartheta} \alpha \right] \bar{y} \qquad (4.4)$$

$$(\alpha^2 + \tau^2 \cos^2 \vartheta) \bar{v}_\vartheta = \left[ -\frac{1}{\sigma a} \alpha \frac{\partial}{\partial \vartheta} - \frac{is}{\sigma a \sin \vartheta} \tau \cos \vartheta \right] \bar{y} \qquad (4.5)$$

Der Querstrich bezeichnet wieder die Hankel-Transformation. Es wurde gesetzt:

$$\alpha = i + \frac{\eta}{4 \sigma H^2 \rho_o(0)} p^2 \quad . \qquad (4.6)$$

Der Vergleich von (4.2) und (4.3) mit (4.4) und (4.5) zeigt die Korrespondenz:

$$\textcircled{\odot}_x \rightarrow \alpha \qquad (4.7)$$

$$\textcircled{\odot}_x^{-1} \rightarrow \frac{1}{\alpha} \qquad (4.8)$$

Denken wir uns nun $y$ vorgegeben als:

$$y_p = 2 \frac{J_o(pe^{-\frac{x}{2}})}{J_1^2(p)} f_p(\vartheta) \qquad (4.9)$$

für eine beliebige aber feste Nullstelle $p$ der Besselfunktion $J_o(x)$, und eine beliebige Funktion $f_p(\vartheta)$, so lautet die Lösung von (4.2) und (4.3):

$$v_\varphi = \frac{2}{\alpha_p^2 + \tau^2 \cos^2\vartheta} \left\{ \frac{1}{\sigma a} \tau \cos\vartheta \frac{\partial}{\partial \vartheta} - \frac{is}{\sigma a \sin\vartheta} \alpha_p \right\} f_p(\vartheta) \frac{J_o(pe^{-\frac{x}{2}})}{J_1^2(p)} \qquad (4.10)$$

$$v_\vartheta = \frac{2}{\alpha_p^2 + \tau^2 \cos^2\vartheta} \left\{ -\frac{1}{\sigma a} \alpha_p \frac{\partial}{\partial \vartheta} - \frac{is}{\sigma a \sin\vartheta} \tau \cos\vartheta \right\} f_p(\vartheta) \frac{J_o(pe^{-\frac{x}{2}})}{J_1^2(p)} \qquad (4.11)$$

Wollen wir nun diese Beziehung, wie in Abschnitt 4.1 angedeutet, in eine Reihe nach aufsteigenden Potenzen von $\tau \cos\vartheta$ entwickeln, so ist klar, daß Konvergenz nur dann besteht, wenn gilt:

$$\left| \frac{\tau \cos\vartheta}{\alpha_p} \right| < 1 . \qquad (4.12)$$

Diese Relation gilt für jede positive Nullstelle der Besselfunktion $J_o(x)$. Mit Hilfe der finiten Hankel-Transformation (A2.3) und (A2.4) haben wir somit eine Spektralzerlegung des Operators $\textcircled{\odot}_x \cdot \textcircled{\odot}_x$ unter den gegebenen Randbedingungen hergestellt, da sich ja $y$ nach den Überlegungen aus Abschnitt 3 als Reihe mit den Gliedern (4.9) darstellen läßt.

Die Eigenwertverteilung des Operators $\textcircled{\odot}_x \cdot \textcircled{\odot}_x$ ist in Abb. 1 angedeutet. Es zeigt sich insbesondere, daß die Entwicklung:

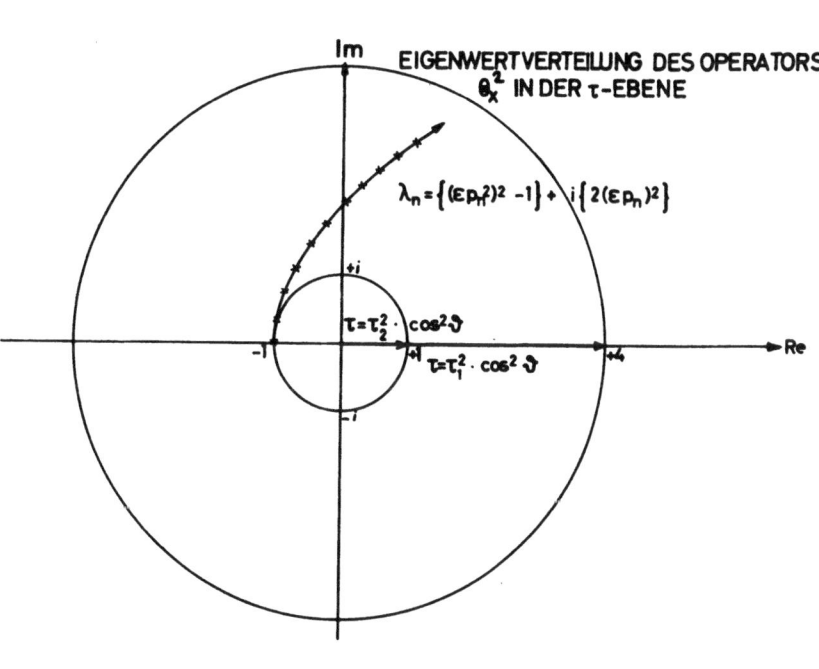

Abb. 1

4.2

$$(\textcircled{o}_x \cdot \textcircled{o}_x + \tau^2 \cos^2 \vartheta)^{-1} = \textcircled{o}_x^{-1} \cdot \textcircled{o}_x^{-1} \sum_{\nu=0}^{\infty} (-1)^\nu (\textcircled{o}_x^{-1} \cdot \textcircled{o}_x^{-1} \tau^2 \cos^2 \vartheta)^\nu \qquad (4.13)$$

für Werte mit $\tau \leq 1$ konvergiert, da dann (4.12) immer erfüllt ist. Wir haben somit für die halbtägigen und kürzerperiodischen Schwingungen eine Entwicklung des Operators (4.13) gefunden unter der Voraussetzung, daß wir den Unterschied zwischen Sterntag und mittlerem Sonnentag vernachlässigen können.

Bei den ganztägigen Gezeiten ist jedoch $\tau = 2$. Mithin konvergiert (4.13) nur für den Bereich $\frac{\pi}{3} < \vartheta < \frac{2\pi}{3}$. Der physikalische Hintergrund für diese Tatsache wurde bereits in Abschnitt 4.1 erörtert.

Für die Gebiete hoher nördlicher bzw. südlicher Breiten läßt sich jedoch folgende Überlegung anstellen:
Wir ersetzen:

$$(\textcircled{o}_x \cdot \textcircled{o}_x + \tau^2 \cos^2 \vartheta)^{-1} \longrightarrow \left\{ (\textcircled{o}_x \cdot \textcircled{o}_x + \tau_1^2) - \tau^2 \sin^2 \vartheta \right\}^{-1} \qquad (4.14)$$

Physikalisch bedeutet die Ersatzoperation, daß wir als Ausgangssituation für unsere Näherungsrechnung nicht die ruhende Erde betrachten, sondern einen Zustand nehmen, der die Erdrotation schon teilweise berücksichtigt.

Der Ersatzoperator stimmt mit dem ursprünglichen gerade an der uns interessierenden Stelle $\tau = \tau_1 = 2$ überein. Für ihn gilt die folgende Entwicklung im Bereich $0 \leq \vartheta < \frac{\pi}{3}$ und $\frac{2\pi}{3} < \vartheta \leq \pi$ :

$$\left[ (\textcircled{o}_x \cdot \textcircled{o}_x + \tau_1^2) - \tau^2 \sin^2 \vartheta \right]^{-1} = (\textcircled{o}_x \cdot \textcircled{o}_x + \tau_1^2)^{-1} \cdot \sum_{\nu=0}^{\infty} (\textcircled{o}_x \cdot \textcircled{o}_x + \tau_1^2)^{-\nu} \tau^{2\nu} \cdot \sin^{2\nu} \vartheta \; .$$

(4.15)

Die Eigenwertverteilung des Operators $(\textcircled{o}_x \cdot \textcircled{o}_x + \tau_1^2)$ zeigt Abb. 2.

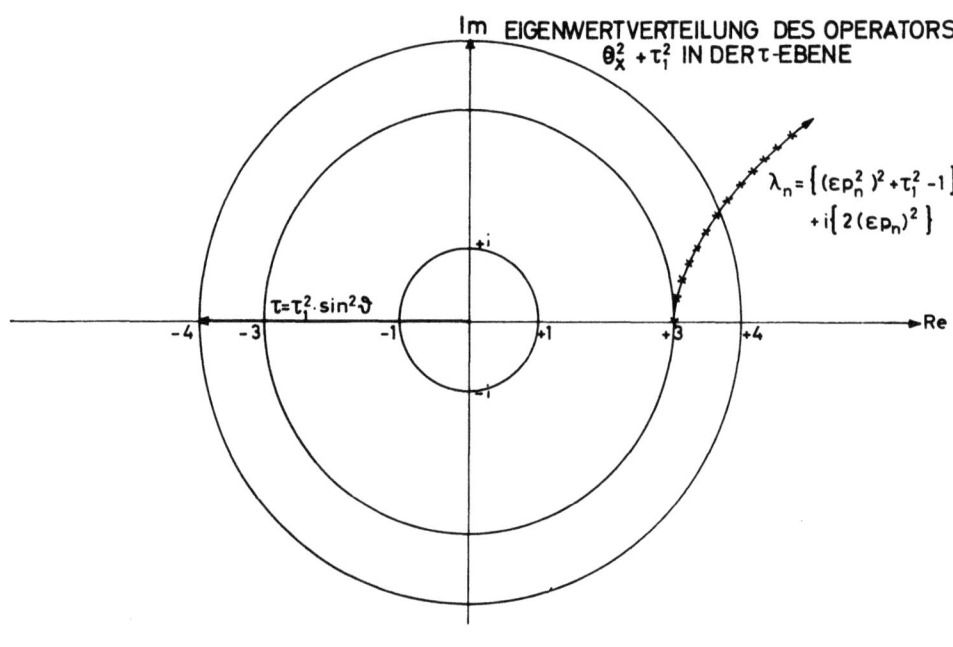

Abb. 2

Es sei noch vermerkt, daß die Darstellung (4.15) im Falle der halbtägigen Schwingungen divergiert, da dann der Beginn der Spektralschar in den Nullpunkt der $\tau$-Ebene rückt.

Die bei den ganztägigen Schwingungen für $\vartheta = \frac{\pi}{3}, \frac{2\pi}{3}$ auftretende Konvergenzschwierigkeit kann für die praktischen Rechnungen umgangen werden. Sei $\delta > 0$ eine kleine Größe, so verwenden wir für $\vartheta = \frac{\pi}{3} + \delta$ die Entwicklung (4.13) und für $\vartheta = \frac{\pi}{3} - \delta$ die Darstellung (4.15). Das Geschwindigkeitsfeld bei $\vartheta = \frac{\pi}{3}$ berechnen wir als Mittelwert der beiden Nachbargrößen.

Wenden wir unter Beachtung der bedingten Vertauschbarkeit von $\bigodot_x$ und $\bigodot_x^{-1}$ gemäß Anhang 3 auf (2.5) und (2.6) $\bigodot_x^{-1}$ an, so ergibt sich:

$$(\bigodot_x \cdot \bigodot_x + \tau^2 \cos^2 \vartheta) \cdot \bigodot_x^{-1} \cdot \bigodot_x^{-1} v_\varphi = \left\{ \bigodot_x^{-1} \cdot \bigodot_x^{-1} \frac{\tau \cos \vartheta}{\sigma a} \frac{\partial}{\partial \vartheta} - \frac{is}{\sigma a \sin \vartheta} \bigodot_x^{-1} \right\} y \qquad (4.16)$$

$$(\bigodot_x \cdot \bigodot_x + \tau^2 \cos^2 \vartheta) \cdot \bigodot_x^{-1} \cdot \bigodot_x^{-1} v_\vartheta = \left\{ -\frac{1}{\sigma a} \bigodot_x^{-1} \frac{\partial}{\partial \vartheta} - \frac{is \tau \cos \vartheta}{\sigma a \sin \vartheta} \bigodot_x^{-1} \cdot \bigodot_x^{-1} \right\} y \qquad (4.17)$$

Hierauf wenden wir $\bigodot_x \cdot \bigodot_x \cdot \{\bigodot_x \cdot \bigodot_x + \tau^2 \cos^2 \vartheta\}^{-1}$ an und erhalten für die halbtägigen und kürzerperiodischen Schwingungen:

$$v_\varphi = \sum_{\nu=0}^{\infty} (-1)^\nu \{\bigodot_x^{-1} \cdot \bigodot_x^{-1} \tau^2 \cos^2 \vartheta\}^\nu \cdot \left\{ \bigodot_x^{-1} \cdot \bigodot_x^{-1} \frac{\tau \cos \vartheta}{\sigma a} \frac{\partial}{\partial \vartheta} - \frac{is}{\sigma a \sin \vartheta} \bigodot_x^{-1} \right\} y \qquad (4.18)$$

$$v_\vartheta = \sum_{\nu=0}^{\infty} (-1)^\nu \{\bigodot_x^{-1} \cdot \bigodot_x^{-1} \tau^2 \cos^2 \vartheta\}^\nu \cdot \left\{ -\frac{1}{\sigma a} \bigodot_x^{-1} \frac{\partial}{\partial \vartheta} - \frac{is}{\sigma a \sin \vartheta} \tau \cos \vartheta \bigodot_x^{-1} \cdot \bigodot_x^{-1} \right\} y \qquad (4.19)$$

Im Ausnahmefall der ganztägigen Schwingungen wird mit Hilfe von (4.15):

$$v_\varphi = \bigodot_x \cdot \{\bigodot_x \cdot \bigodot_x + \tau_1^2\}^{-1} \cdot \sum_{\nu=0}^{\infty} (\bigodot_x \cdot \bigodot_x + \tau_1^2)^{-\nu} \tau^{2\nu} \sin^{2\nu} \vartheta \cdot \left\{ \bigodot_x^{-1} \frac{\tau \cos \vartheta}{\sigma a} \frac{\partial}{\partial \vartheta} - \frac{is}{\sigma a \sin \vartheta} \right\} y$$

$$(4.20)$$

$$v_\vartheta = \bigodot_x \cdot \{\bigodot_x \cdot \bigodot_x + \tau_1^2\}^{-1} \cdot \sum_{\nu=0}^{\infty} (\bigodot_x \cdot \bigodot_x + \tau_1^2)^{-\nu} \tau^{2\nu} \sin^{2\nu} \vartheta \cdot \left\{ -\frac{1}{\sigma a} \frac{\partial}{\partial \vartheta} - \frac{is \tau \cos \vartheta}{\sigma a \sin \vartheta} \bigodot_x^{-1} \right\} y$$

$$(4.21)$$

Hierbei läßt sich noch folgende Umformung durchführen:

$$\frac{1}{2} \{(\bigodot_x + i\tau_1)^{-1} + (\bigodot_x - i\tau_1)^{-1}\} = \frac{1}{2} \{(\bigodot_x - i\tau_1) \cdot (\bigodot_x - i\tau_1)^{-1} \cdot (\bigodot_x - i\tau_1)^{-1} + \ldots$$

$$(4.22)$$

$$\ldots + (\bigodot_x + i\tau_1) \cdot (\bigodot_x + i\tau_1)^{-1} \cdot (\bigodot_x + i\tau_1)^{-1}\} = \bigodot_x \cdot \{\bigodot_x \cdot \bigodot_x + \tau_1^2\}^{-1} .$$

Diese Beziehung ist im Hinblick auf spätere numerische Rechnungen recht nützlich.

## 4.3 Approximative Bestimmung von y

Setzen wir (4.18) und (4.19) bzw. (4.20) und (4.21) in (3.19) ein, so führt dies auf eine Funktionalbeziehung für die Größe y aus (3.1), die im Prinzip sowohl für die ganz- als auch halbtägigen Gezeiten die Form:

$$\mathcal{G}_{x,\vartheta}^{(\tau)} \cdot y = A(x,\vartheta) \qquad (4.23)$$

besitzt. $\mathcal{G}_{x,\vartheta}^{(\tau)}$ ist dabei ein Operator, der auf die Variablen x und $\vartheta$ wirkt und noch vom komplexen Parameter $\tau$ abhängt. Wie die Beziehungen (4.18) und (4.19) bzw. (4.20) und (4.21) zeigen, ist $\mathcal{G}_{x,\vartheta}^{(\tau)}$ in der Variablen $\tau$ für gewisse Bereiche um $\tau = 0$ holomorph. Da das Problem (4.23) unter bestimmten Randbedingungen, die wir bereits in Abschnitt 2 erörtert haben, eindeutig lösbar ist, existiert auch die Umkehrtransformation $\mathcal{G}_{x,\vartheta}^{(\tau)^{-1}}$ mit der Eigenschaft:

$$y = \mathcal{G}_{x,\vartheta}^{(\tau)^{-1}} \cdot A(x,\vartheta) \qquad (4.24)$$

Nach einem Satz aus der Funktionalanalysis [cf. GROSSMANN, 1970] gilt:

$$\frac{d}{d\tau}\mathcal{G}_{x,\vartheta}^{(\tau)^{-1}} = -\mathcal{G}_{x,\vartheta}^{(\tau)^{-1}} \cdot [\frac{d}{d\tau}\mathcal{G}_{x,\vartheta}^{(\tau)}] \cdot \mathcal{G}_{x,\vartheta}^{(\tau)^{-1}} \qquad (4.25)$$

Die Umkehrtransformation $\mathcal{G}_{x,\vartheta}^{(\tau)^{-1}}$ ist somit im Regularitätsbereich von $\mathcal{G}_{x,\vartheta}^{(\tau)}$ in $\tau$ holomorph, sofern sie existiert.

Da die Anregungsfunktion $A(x,\vartheta)$ von $\tau$ unabhängig ist, steht auf der rechten Seite von (4.24) für einen bestimmten Bereich um $\tau = 0$ eine holomorphe Funktion von $\tau$. Es gilt somit folgende Entwicklung:

$$y = \sum_{\nu=0}^{\infty} \tau^{\nu} y_{\nu} \qquad (4.26)$$

$y_\nu$ ist formal gegeben durch:

$$y_\nu = \frac{1}{\nu!}\left[\frac{d^\nu}{d\tau^\nu}\mathcal{G}_{x,\vartheta}^{(\tau)^{-1}}\right]_{\tau=0} \cdot A(x,\vartheta) \qquad (4.27)$$

Setzen wir (4.26) in (4.18) und (4.19) ein, so ergibt sich für die Geschwindigkeitsfelder bis zur zweiten Näherung im Falle der halbtägigen und kürzerperiodischen Schwingungen:

$$v_\varphi = \frac{1}{\sigma a}\left[-\frac{is}{\sin\vartheta}\bigcirc_x^{-1} y_0 + \tau(\bigcirc_x^{-2}\cos\vartheta\frac{\partial y_0}{\partial\vartheta} - \frac{is}{\sin\vartheta}\bigcirc_x^{-1} y_1)\right] \qquad (4.28)$$

$$v_\vartheta = \frac{1}{\sigma a}\left[\bigcirc_x^{-1}\frac{\partial y_0}{\partial\vartheta} + \tau(-\frac{is\cos\vartheta}{\sin\vartheta}\bigcirc_x^{-2} y_0 - \bigcirc_x^{-1}\frac{\partial y_1}{\partial\vartheta})\right] \qquad (4.28a)$$

Für den Ausnahmefall der ganztägigen Gezeiten wird mit Hilfe von (4.20) und (4.21):

$$v_\varphi = \frac{1}{\sigma a} \left[ \mathbb{O}_x \cdot (\mathbb{O}_x^2 + \tau_1^2)^{-1} \cdot \frac{is\, y_0}{\sin\vartheta} + (\mathbb{O}_x \cdot (\mathbb{O}_x^2 + \tau_1^2)^{-1} \cdot \mathbb{O}_x^{-1} \cos\vartheta\, \frac{\partial y_0}{\partial \vartheta} - \cdots \right.$$

$$\left. \cdots - \frac{is}{\sin\vartheta}\, \mathbb{O}_x \cdot (\mathbb{O}_x^2 + \tau_1^2)^{-1} \cdot y_1)\tau \right] \quad (4.29)$$

$$v_\vartheta = \frac{1}{\sigma a} \left[ -\mathbb{O}_x \cdot (\mathbb{O}_x^2 + \tau_1^2)^{-1} \cdot \frac{\partial y_0}{\partial \vartheta} + \tau\, (-\mathbb{O}_x \cdot (\mathbb{O}_x^2 + \tau_1^2)^{-1} \cdot \frac{is\cos\vartheta}{\sin\vartheta}\, \mathbb{O}_x^{-1} y_0 - \right.$$

$$\left. \cdots - \mathbb{O}_x \cdot (\mathbb{O}_x^2 + \tau_1^2)^{-1} \cdot \frac{\partial y_1}{\partial \vartheta}) \right] \quad (4.29a)$$

Die Beschränkung der Berechnung der Geschwindigkeitsfelder bis auf Größen zweiter Ordnung in $\tau\,\cos\vartheta$ wird gerechtfertigt durch den Umstand, daß in den Bewegungsgleichungen (4.2) und (4.3) der Einfluß der Coriolisterme, deren Wirkung wir durch obige Entwicklung erfassen wollen, mit zunehmender Höhe immer schwächer wird; die Entwicklungen (4.28), (4.28a) bzw. (4.29), (4.29a) stellen also für große Höhen, die uns hier hauptsächlich interessieren, eine gute Approximation dar.

Eliminieren wir $v_\varphi$ und $v_\vartheta$ mit Hilfe von (4.28) und (4.28a) bzw. (4.29) und (4.29a) aus (3.19), so werden wir auf folgende Funktionalbeziehungen für $y_0$ und $y_1$ geführt:

$$\frac{1}{\sin\vartheta} \left\{ \frac{\partial}{\partial\vartheta}(\sin\vartheta\, \frac{\partial}{\partial\vartheta}) - \frac{s^2}{\sin\vartheta} \right\} \cdot \mathbb{O}_x^{-1} y_0 = -\frac{\sigma a^2}{g} \left\{ \mathbb{F}_x \cdot y_0 + \frac{1}{H}(J - \frac{\partial J}{\partial x}) \right\}$$

(4.30)

$$\frac{1}{\sin\vartheta} \left\{ \frac{\partial}{\partial\vartheta}(\sin\vartheta\, \frac{\partial}{\partial\vartheta}) - \frac{s^2}{\sin\vartheta} \right\} \cdot \mathbb{O}_x^{-1} y_1 = -\frac{\sigma a^2}{g}\, \mathbb{F}_x \cdot y_1 + is\, \mathbb{O}_x^{-1} \cdot y_0$$

$$\frac{1}{\sin\vartheta} \left\{ \frac{\partial}{\partial\vartheta}(\sin\vartheta\, \frac{\partial}{\partial\vartheta}) - \frac{s^2}{\sin\vartheta} \right\} \cdot \mathbb{O}_x \cdot (\mathbb{O}_x^2 + \tau_1^2)^{-1} y_0 = -\frac{\sigma a^2}{g} \left\{ \mathbb{F}_x \cdot y_0 + \frac{1}{H}(J - \frac{\partial J}{\partial x}) \right\}$$

(4.31)

$$\frac{1}{\sin\vartheta} \left\{ \frac{\partial}{\partial\vartheta}(\sin\vartheta\, \frac{\partial}{\partial\vartheta}) - \frac{s^2}{\sin\vartheta} \right\} \cdot \mathbb{O}_x \cdot (\mathbb{O}_x^2 + \tau_1^2)^{-1} y_1 = -\frac{\sigma a^2}{g}\, \mathbb{F}_x \cdot y_1 + is\, \mathbb{O}_x \cdot (\mathbb{O}_x^2 + \tau_1^2)^{-1} \cdot y_0$$

Mit $\mathbb{F}_x$ bezeichnen wir hier den Operator:

$$\mathbb{F}_x \equiv \frac{i\sigma}{\varkappa H} \left( \frac{\partial^2}{\partial x^2} - \frac{\partial}{\partial x} \right) - \frac{\lambda M e^x}{R H^3 \rho_0(0)}\, \frac{\partial^4}{\partial x^4}$$

Die Randbedingungen, unter denen diese Gleichungen zu lösen sind, lauten:

$$\frac{\partial^2 y_0}{\partial x^2}(0) = 0,\ \left[ \varkappa y_0 - \frac{\partial y_0}{\partial x} - \frac{i\lambda M \varkappa e^x}{\sigma R H^2 \rho_0(0)}\, \frac{\partial^3 y_0}{\partial x^3} - \frac{i\varkappa}{\sigma} J \right]_{x=0} = 0,\ \frac{\partial^2 y_0}{\partial x^2}(\infty) = 0 \quad (4.32)$$

$$\frac{\partial^2 y_1}{\partial x^2}(0) = 0,\ \left[ \varkappa y_1 - \frac{\partial y_1}{\partial x} - \frac{i\lambda M \varkappa e^x}{\sigma R H^2 \rho_0(0)}\, \frac{\partial^3 y_1}{\partial x^3} \right]_{x=0} = 0,\ \frac{\partial^2 y_1}{\partial x^2}(\infty) = 0. \quad (4.32a)$$

4.4

Die Funktionalbeziehungen (4.30) und (4.31) sind lineare partielle Integrodifferentialgleichungen vierter Ordnung. Die Winkelabhängigkeit von $\vartheta$ kann offensichtlich auf einfache Weise separiert werden, da auf den linken Seiten der Gleichungen (4.30) und (4.31) der Operator für die zugeordneten Legendre-Funktionen steht.

### 4.4 Numerische Behandlung der Funktionalbeziehungen (4.30) und (4.31)

Die separierten Funktionalbeziehungen (4.30) und (4.31) besitzen folgende allgemeine Form:

$$\sum_{\nu=1}^{m} \left\{ K_{1\nu}(x) \cdot \int_0^x \tilde{K}_{1\nu}(\hat{x}) \tilde{y}(\hat{x}) d\hat{x} + K_{2\nu}(x) \int_x^\infty \tilde{K}_{2\nu}(\hat{x}) \tilde{y}(\hat{x}) d\hat{x} \right\} = \ldots$$

(4.33)

$$\ldots = \frac{1}{n(n+1)} \frac{\sigma^2 a^2}{Hg\varkappa} \left\{ i(\tilde{y}'' - \tilde{y}') - a_w e^x \tilde{y}^{IV} \right\} + \frac{A(x)}{n(n+1) \sigma a}$$

Hierbei wurde aus rechentechnischen Gründen die Größe $\tilde{y} = \frac{y}{\sigma a}$ eingeführt. Die Kernfunktionen $K_{1\nu}$, $\tilde{K}_{1\nu}$, $K_{2\nu}$ und $\tilde{K}_{2\nu}$ sind in (A3.15) explizit angegeben. Der Summenindex m ist im allgemeinen m = 1. Nur im Ausnahmefall der ganztägigen Gezeiten ist gemäß Gleichungen (4.31) und (4.22) m = 2. Mit $a_w$ bezeichnen wir die Größe:

$$a_w = \frac{\lambda \varkappa M}{RH^2 \sigma \rho_o(0)} = 6,04 \cdot 10^{-9}$$

(4.34)

die den Einfluß der Wärmeleitung widerspiegelt. Die Zahlenangabe versteht sich für die Werte der gewählten Modellatmosphäre bei ganztägigen Gezeiten. Gleichfalls gilt:

$$\frac{\sigma^2 a^2}{Hg\varkappa} = 0,934$$

Die Größe A(x) entspricht den inhomogenen Termen in (4.30) und (4.31).

Die Randbedingungen (4.32) und (4.32a) können vereinfacht werden, da einerseits nach (4.34) $a_w$ sehr klein ist und somit die Größen $[a_w e^x \tilde{y}''']_{x=0}$ vernachlässigbar sind und wir andrerseits die Anregung J(x) für x = 0 in unserem Modell außer acht lassen dürfen. Die Randbedingungen (4.32) und (4.32a) lauten somit in der endgültigen Form:

$$\tilde{y}''(0) = 0, \quad \varkappa \tilde{y}(0) - \tilde{y}'(0) = 0, \quad \tilde{y}''(\infty) = 0$$

(4.35)

Zur Berechnung der Größen $\tilde{y}$ erweitern wir (4.33) zu einem System von Gleichungen für die fünf unbekannten Funktionen $\tilde{y}, \tilde{y}', \tilde{y}'', \tilde{y}'''$ und $\tilde{y}^{IV}$. Die vier zusätzlichen Beziehungen lauten unter Erfüllung der Randbedingung an der Atmosphärenoberseite:

$$\tilde{y}''' = -\int_x^\infty \tilde{y}^{IV} d\hat{x}, \quad \tilde{y}'' = -\int_x^\infty \tilde{y}''' d\hat{x}$$

(4.36)

$$\tilde{y}' = \tilde{y}'(\infty) - \int_x^\infty \tilde{y}'' d\hat{x}, \quad \tilde{y} = \tilde{y}'(\infty) x + C + \int_x^\infty (\tilde{y}' - \tilde{y}'(\infty)) d\hat{x}$$

Die Konvergenz der auftretenden Intergrale bestimmt das asymptotische Verhalten der Lösungen im Unendlichen. Zur Befriedigung der Randbedingungen am Boden sind die Konstanten $\tilde{y}'(\infty)$ und $C$ noch frei wählbar.

Führen wir folgende Konstanten ein:

$$A_\nu = \int_0^\infty \tilde{K}_{1\nu}(\hat{x}) \tilde{y}(\hat{x}) d\hat{x} \quad (\nu = 1,2) \tag{4.37}$$

so wird aus (4.33):

$$\sum_{\nu=1}^m K_{1\nu}(x) \left[ A_\nu - \int_x^\infty \tilde{K}_{1\nu}(\hat{x}) \tilde{y}(\hat{x}) d\hat{x} \right] + K_{2\nu}(x) \cdot \int_x^\infty \tilde{K}_{2\nu}(\hat{x}) \tilde{y}(\hat{x}) d\hat{x} = \ldots \tag{4.38}$$

$$\ldots = \frac{1}{n(n+1)} \frac{\sigma^2 a^2}{H g \varkappa} \left[ i(\tilde{y}'' - \tilde{y}') - a_w e^x \tilde{y}^{IV} \right] + \frac{A(x)}{n(n+1) \sigma a}$$

Als inhomogene Glieder, d.h. als Terme, die nicht proportional zu den gesuchten Funktionen $\tilde{y}$, $\tilde{y}'$, $\tilde{y}''$, $\tilde{y}'''$ und $\tilde{y}^{IV}$ sind, treten in dem Integralgleichungssystem (4.36) und (4.38) auf:

① $A(x)$ , ② $A_1$, $A_2$ , ③ $\tilde{y}'(\infty)$ , ④ $C$

Es sei $\tilde{y}_{(A(x))}$ die Lösung des Systems (4.36) und (4.38), wenn $A(x) \neq 0$ ist und die übrigen inhomogenen Terme ② - ④ gleich Null gesetzt sind. $\tilde{y}_{(A_1)}$ bezeichne die Lösung mit $A_1 = 1$ und allen übrigen inhomogenen Termen gleich Null; usf. Die Gesamtlösung $\tilde{y}$ schreibt sich dann:

$$\tilde{y} = \tilde{y}_{(A(x))} + A_1 \tilde{y}_{(A_1)} + A_2 \tilde{y}_{(A_2)} + \tilde{y}'(\infty) \cdot \tilde{y}_{(\tilde{y}'(\infty))} + C \tilde{y}_{(c)} \tag{4.39}$$

Die vier Konstanten $A_1$, $A_2$, $\tilde{y}'(\infty)$ und $C$ bestimmen sich bei bekannten Partiallösungen aus den beiden Bodenrandbedingungen und den Gleichungen (4.37), die zusammen ein lineares Gleichungssystem mit vier Unbekannten bilden.

Die Auflösung des Integralgleichungssystems (4.36) und (4.38) für die einzelnen Partiallösungen geschieht folgendermaßen:

Für eine Höhe $x = x_0 \gg 1$ dürfen wir annehmen, daß gilt:

$$\begin{aligned}
\tilde{y}^{IV}(x_0) &\approx 0 \\
\tilde{y}'''(x_0) &\approx 0 \\
\tilde{y}''(x_0) &\approx 0 \\
\tilde{y}'(x_0) &\approx \tilde{y}'(\infty) \\
\tilde{y}(x_0) &\approx \tilde{y}'(\infty) x_0 + C
\end{aligned} \tag{4.40}$$

wobei $\tilde{y}'(\infty)$ und $C$ entweder 1 oder 0 gesetzt werden, entsprechend der Partiallösung, die gerade berechnet werden soll. Gehen wir von diesen "Anfangswerten" aus, so können für eine kleine Schrittweite $\Delta x$ die Werte von $\tilde{y}^{IV}$, $\tilde{y}'''$, $\tilde{y}''$, $\tilde{y}'$, $y$ an der Stelle $x_0 - \Delta x$ durch Auflösung eines linearen Gleichungssystems fünfter Ordnung berechnet werden, wenn wir die Integrale in (4.36) und (4.38) durch Summen nach der Trapezregel approximieren. Dieses Verfahren setzen wir entsprechend für die Stelle

$x_o - 2\Delta x$ fort. Sukzessiv können auf diese Weise die unbekannten Funktionen $\tilde{y}^{IV}$, $\tilde{y}'''$, $\tilde{y}''$, $\tilde{y}'$ und $\tilde{y}$ bestimmt werden. Ist $\tilde{y}$ bekannt, so berechnen wir die Geschwindigkeitsfelder mit Hilfe von (4.28), (4.28a) bzw. (4.29), (4.29a).

Die Vorteile der beschriebenen Lösungsmethode, die ja im wesentlichen die Umwandlung eines Randwertproblems in ein Anfangswertproblem bedeutet, liegt darin, daß die sonst auftretenden Schwierigkeiten bei der Auflösung großer Gleichungssysteme umgangen werden, daß also bei geringerem Rechenaufwand eine größere Genauigkeit ermöglicht wird.

Die erforderlichen umfangreichen numerischen Rechnungen wurden mit Hilfe von FORTRAN-Programmen auf der UNIVAC 1108 der Gesellschaft für wissenschaftliche Datenverarbeitung, Göttingen, durchgeführt. Es zeigte sich hierbei, daß die Wahl der Obergrenze $x_o = 50$, entsprechend 300 km Höhe, und der Schrittweite $\Delta x = 0,074$, entsprechend 500 m, für die Stabilität des Verfahrens völlig ausreichend war.

## 5. Anregung von solaren Gezeiten in der E-Schicht der Ionosphäre

### 5.1 Anregungsmöglichkeiten von Gezeiten

Bei der Anregung von Gezeiten, besonders den Meeresgezeiten, denkt man in erster Linie an Gravitationsgezeitenkräfte. In der Atmosphäre spielen dagegen auch thermische Energiequellen eine Rolle, da ja die Rotation der Erde im Strahlungsfeld der Sonne zu periodischen Zustandsänderungen Anlaß gibt.

Während man die Gravitationsgezeitenkräfte genau kennt [cf. BARTELS, 1957], sind die thermischen Energiequellen in weit geringerem Maße erforscht. Jedoch überwiegt bei den (solaren) Gezeiten die thermische Anregung bei weitem. GUPTA [1967] schätzt das Wirksamkeitsverhältnis der beiden Energiequellen in der Ionosphäre auf 1:9 zugunsten der Wärmequellen. Wir können deshalb die Gravitationsanregung im folgenden vernachlässigen und die thermische Anregung allein betrachten. Hierbei handelt es sich in der E-Schicht der Ionosphäre primär um die Absorption der Strahlung im Wellenbereich 10-170 Å und 911-1027 Å [WATANABE und HINTEREGGER, 1962]. Daneben werden in der Literatur auch noch andere Effekte herangezogen, die für die Aufheizung der Ionosphäre verantwortlich sein könnten. So betrachtet man die Joulesche Wärmeerzeugung durch elektrische Ströme in der E-Schicht oder Aufheizungseffekte, die durch Wärmeleitung in einer bis zur Erde ausgedehnten Sonnenkorona hervorgerufen werden könnten. Doch scheinen diese Wärmequellen insgesamt gegenüber der direkt absorbierten Sonnenstrahlung von nur sekundärer Bedeutung zu sein.

### 5.2 Wärmeerzeugung durch Strahlungsabsorption

Bei der Berechnung der Wärmeerzeugung durch Strahlungsabsorption stellen sich drei Probleme:

① Man muß die Strahlungsintensität im fraglichen Wellenlängenbereich außerhalb der Atmosphäre kennen.

② Man muß wissen, wie die Strahlung absorbiert wird. Dazu ist erforderlich, die Höhenverteilung der einzelnen Luftbestandteile samt den dazugehörigen Absorptionsquerschnitten zu untersuchen.

③ Man muß den Umwandlungsprozeß von absorbierter Strahlung in Wärme kennen.

Von diesen drei Problemen sind nur die ersten beiden in zufriedenstellender Weise gelöst worden. Die außeratmosphärische Strahlungsflußdichte wurde von JOHNSON [1954], DETWILER et al., [1961], HALL [1963] und HINTEREGGER [1962], um nur die wichtigsten Autoren zu nennen, ausführlich gemessen.

Beim zweiten Problem können neben Experimenten auch theoretische Untersuchungsmethoden herangezogen werden, die es ermöglichen, Absorptionsquerschnitte und Zusammensetzung der Luft als Funktion der Höhe zu bestimmen.

Die Lösung des dritten Problems ist bis heute noch unbefriedigend geblieben, da der Vorgang der Wärmeerzeugung von sehr komplexer Natur ist. Die in der E-Schicht absorbierte Strahlung wird nämlich zum größten Teil nicht unmittelbar zur Wärmeproduktion sondern zur Ionisierung der Luftbestandteile benutzt. Ionen und Elektronen rekombinieren erst im Laufe der Zeit und erzeugen dann durch Stöße thermische Bewegungsenergie. Als weitere Komplikation kommt die Tatsache hinzu, daß die Ionosphäre ein dynamisches Gebilde ist. Bewegungs- und Diffusionsvorgänge transportieren die geladenen Teilchen vom Erzeugungsort fort. Sie rekombinieren also oft erst an völlig anderen Stellen und erzeugen dort Wärme. Auch die Berücksichtigung des Energieverlusts durch Wärmestrahlung dürfte bei einer genauen Berechnung nicht fehlen; doch ist dieser Effekt nach einer Arbeit von LINDZEN [1968] von nicht allzu großer Bedeutung. Wenn man also eine exakte Wärmeerzeugungsfunktion aufstellen wollte, müßte man alle genannten Prozesse genau kennen und im einzelnen nachrechnen, was aber nach dem augenblicklichen Stand unserer Kenntnisse unmöglich ist.

Bei einer theoretischen Beschreibung der Wärmeerzeugung sind wir also gezwungen, zu vereinfachenden Annahmen zu greifen. Wir gehen deshalb davon aus, daß die Rekombination der Elektronen und Ionen und der damit verbundene Wärmeerzeugungsprozeß wegen der geringen Dichte im hier betrachteten Höhenbereich langsam verlaufen. Somit wird wenigstens teilweise Ionisationsenergie gespeichert oder wegen der erwähnten Transport- und Diffusionsprozesse aus der Bilanz herausgenommen. Wir rechnen dann so, als ob ein fester Bruchteil $\delta < 1$ der absorbierten Strahlung effektiv in Wärme umgewandelt wird. Dies bedeutet natürlich eine grobe Vereinfachung. In Wirklichkeit ist $\delta$ eine komplizierte Funktion der Zeit und des Ortes, was eine genauere Theorie zu berücksichtigen hätte. Die Wahl der Effektivitätskonstanten $\delta$ ist zunächst beliebig. Es zeigte sich jedoch, daß in unserem Modell mit $\delta = 0,4$ die beste Übereinstimmung der berechneten Windfelder mit der Beobachtung und dem Vergleichsmaterial brachte. Diese Größenordnung von $\delta$ wird auch durch neuere Untersuchungen von IZAKOV und MOROZOV [1970] bestätigt.

Die Strahlungsabsorption im Höhenbereich der Ionosphäre wurde von WATANABE und HINTEREGGER [1962] sowohl experimentell als auch theoretisch untersucht. Dabei zeigte sich, daß für die E-Schicht der Wellenlängenbereich 911-1027 Å die stärkste Absorption und Ionisationsrate aufweist. Die Strahlungsabsorption in den übrigen Wellen-

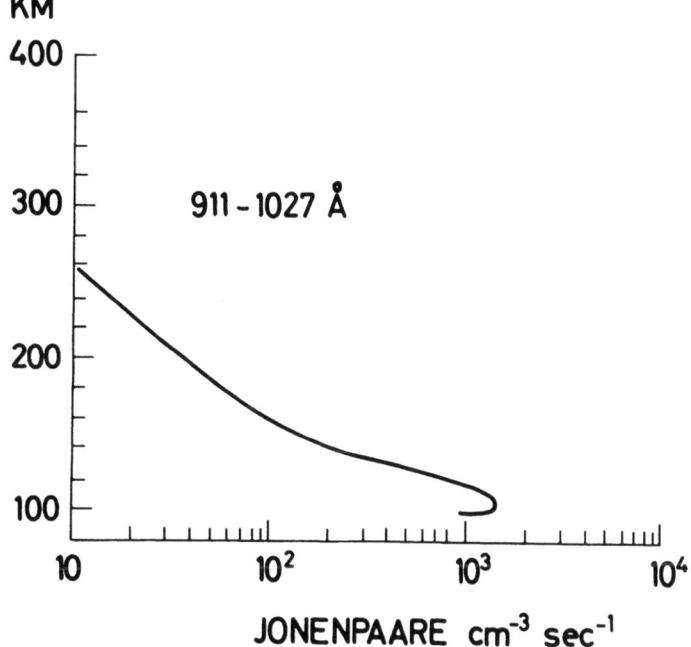

längenbereichen insbesondere für $\lambda$ = 10-170 Å ist demgegenüber in erster Näherung vernachlässigbar. Abbildung 3 zeigt die der Strahlungsabsorption proportionale Photoionisationsrate für $\lambda$ = 911-1027 Å, die zur Grundlage der Berechnung der Anregungsfunktion gemacht wurde.

## 5.3 Analyse und Berechnung der Anregungsfunktion

Wir betrachten im Sinne unserer Modellvorstellung die Atmosphäre als isotherm mit einer statischen Temperaturverteilung $T_o$ = 200° K. Dies ist natürlich eine Vereinfachung, kann jedoch für die Beschreibung der Verhältnisse in 120 km Höhe als erste Näherung genügen. Die Strahlungsabsorption im Wellenlängenbereich $\lambda$ = 911 - 1027 Å, die, wie wir sahen, in der E-Schicht überwiegt, werde vereinfacht durch einen konstanten, wellenlängenunabhängigen Absorptionskoeffizienten beschrieben. Die der Abb. 3 entsprechende Absorptionsfunktion läßt sich dann darstellen als:

$$\Lambda(z) = \Lambda(\infty) B_A \rho_o(z) \exp\left[ - H B_A \rho_o(z) \operatorname{Ch}\left(\frac{a+z}{H}, \tilde{\chi}\right)\right] \tag{5.1}$$

$\Lambda(z)$ ist die Strahlungsintensität in der Höhe $z$, gemessen in erg cm$^{-2}$ sec$^{-1}$. Die Chapman-Funktion $\operatorname{Ch}(x, \tilde{\chi})$ [CHAPMAN, 1931] besitzt die Form:

$$\operatorname{Ch}(x, \tilde{\chi}) = \int_0^\infty \frac{e^{-\zeta}\, d\zeta}{\sqrt{1 - \left(\frac{x}{x+\zeta}\right)^2 \sin^2 \tilde{\chi}}} \tag{5.2}$$

$\tilde{\chi}$ bedeutet die Zenitdistanz der Sonne. In (5.1) ist für unsere Modellatmosphäre zu setzen:

$$B_A = 1{,}59 \cdot 10^3 \text{ cm}^2 \text{g}^{-1}$$
$$\Lambda(\infty) = 26 \cdot 10^{-2} \text{ erg cm}^{-2} \text{ sec}^{-1} \tag{5.3}$$

Insgesamt ergibt sich somit für die in Gleichung (2.4) eingeführte Anregungsfunktion J, die ja die pro Massen- und Zeiteinheit der Atmosphäre zugeführte Wärmemenge bedeutet, der Ausdruck:

$$J = \begin{cases} \delta \Lambda(\infty) B_A \exp\left[ - H B_A \rho_o(z) \operatorname{Ch}\left(\frac{a+z}{H}, \tilde{\chi}\right)\right] & \text{(bei Tag)} \\ 0 & \text{(bei Nacht)} \end{cases} \tag{5.4}$$

Bei Vernachlässigung von Sonnenaufgangs- bzw. Untergangseffekten gilt näherungsweise [CHAPMAN, 1931]:

$$\operatorname{Ch}(x, \tilde{\chi}) \approx \sec \tilde{\chi} \tag{5.6}$$

Aus der sphärischen Trigonometrie ergibt sich die bekannte Beziehung:

$$\cos \tilde{\chi} = \cos \vartheta \cdot \sin \delta_s + \sin \vartheta \cos \delta_s \cos \hat{t} \tag{5.7}$$

Hierbei bezeichnet $\delta_s$ die Deklination der Sonne und $\hat{t}$ die mittlere Ortszeit im Winkelmaß vom lokalen Mittag an gerechnet. Von einer Berücksichtigung des Unterschieds zwischen wahrer und mittlerer Sonnenzeit wurde abgesehen. Die Aufgangs- bzw. Untergangszenitdistanz $\tilde{\chi}_o$ der Sonne für einen Beobachtungsort in der Höhe $z$ bestimmt sich aus der Bedingung:

$$\sin \tilde{X}_o = \frac{a}{a+z} \qquad (5.8)$$

Für Höhen $z \ll a$ können wir also setzen: $\tilde{X}_o \approx \frac{\pi}{2}$, zumal für Zenitdistanzen $\tilde{X} > \frac{\pi}{2}$ der doppelte Durchgang der Strahlung durch die Atmosphäre eine sehr starke Absorption bewirkt. Wir erhalten somit die Tag-Nacht-Bedingung:

$$\cos \tilde{X} > 0 \text{ Tag}, \quad \cos \tilde{X} < 0 \text{ Nacht} \qquad (5.9)$$

Als Aufgangs- bzw. Untergangszeiten $\hat{t}_o$ der Sonne erhalten wir aus (5.7) und (5.9):

$$\hat{t}_o = \pm \text{Arc cos} \left[ - \text{ctg}\,\vartheta \cdot \text{tg}\,\delta_s \right] . \qquad (5.10)$$

Im Falle der Äquinoktien ist $\delta_s = 0$. Es gilt dann:

$$\hat{t}_o = \pm \frac{\pi}{2} . \qquad (5.10a)$$

Für das Solstitium zu Beginn des Nordsommers gilt $\delta_s = 23°27'$. Offenbar versagt dann (5.10) für Kobreiten $0 < \vartheta < 23°27'$ und $156°33' < \vartheta < 180°$. Es sind in diesem Falle ersatzweise die maximalen bzw. minimalen Werte zu nehmen ($\hat{t}_o = \pm \pi$, 0). Dies ist der mathematische Ausdruck für die bekannte Tatsache, daß in den Polarregionen im Sommer die Sonne nicht untergeht und im Winter nicht aufgeht.

Insgesamt ergibt sich für die Anregungsfunktion:

$$J = \delta \Lambda (\infty) B_A \exp \left[ - \frac{H B_A \rho_o(0) e^{-\frac{z}{H}}}{\cos\vartheta \cdot \sin\delta_s + \sin\vartheta \cos\delta_s \cos\hat{t}} \right] , \quad |\hat{t}| < |\hat{t}_o|$$
$$J = 0 \qquad\qquad\qquad , \quad |\hat{t}| > |\hat{t}_o| \qquad (5.11)$$

Gemäß (4.33) müssen wir den Ausdruck (5.11) für die Zeitabhängigkeit nach Fourier-Reihen und für die Winkelabhängigkeit nach zugeordneten Kugelflächenfunktionen entwickeln. Die zeitliche Analyse geschieht am zweckmäßigsten in der komplexen Form:

$$J(z, \vartheta, \hat{t}) = \sum_{-\infty}^{+\infty} J_n(z, \vartheta) e^{in\hat{t}} . \qquad (5.11a)$$

Dabei ist $J_n$ gegeben durch:

$$J_n(z, \vartheta) = \frac{1}{2\pi} \int_{-t_o}^{+t_o} J(z, \vartheta, \hat{t}) e^{-in\hat{t}} d\hat{t} . \qquad (5.12)$$

Die Integrationsgrenzen $\pm \hat{t}_o$ bestimmen sich aus (5.10). Nach (5.11) ist $J$ allein eine Funktion von $\cos\hat{t}$. Deshalb läßt sich unter Benutzung der bekannten Symmetrieeigenschaften der trigonometrischen Funktionen das Integral (5.12) schreiben als:

$$J_n(z, \vartheta) = \frac{1}{\pi} \int_0^{t_o} J(z, \vartheta, \hat{t}) \cos n\hat{t}\, d\hat{t} \qquad (5.13)$$

Offensichtlich ist $J_n(z,\vartheta)$ reell. Da zwischen $t$ und $\hat{t}$ die Beziehung

$$\sigma_0 t - \pi = \hat{t} - \varphi \tag{5.14}$$

gilt, können wir (5.11a) umformen zu:

$$J(z,\vartheta,\varphi,t) = \sum_{-\infty}^{+\infty} J_n(z,\vartheta) e^{in(\sigma_0 t + \varphi - \pi)} \tag{5.15}$$

Beim Übergang zur reellen Schreibweise gilt dann:

$$J(z,\vartheta,\varphi,t) = \mathcal{R}e(J_0) + 2\sum_{n=1}^{\infty} \mathcal{R}e(J_n) \cos n(\sigma_0 t + \varphi - \pi) \tag{5.15a}$$

Die Funktionen $J_n(z,\vartheta)$, die durch das Integral (5.13) gegeben sind, entwickeln wir nach zugeordneten Legendre-Funktionen $P_m^s$, die wir zweckmäßigerweise in der auf eins normierten Form benutzen [cf. BELOUSOV, 1962]:

$$P_m^s(x) = \sqrt{\frac{(2m+1)(m-s)!}{(m+s)!\,2}} \frac{(1-x^2)^{s/2}}{2^m m!} \frac{d^{m+s}}{dx^{m+s}} (x^2-1)^m \tag{5.16}$$

Es gilt dann:

$$J_n(z,\vartheta) = \sum_{m=s}^{\infty} J_{n,m}^s(z) P_m^s(\cos\vartheta) \tag{5.17}$$

mit:

$$J_{n,m}^s(z) = \int_0^\pi J_n(z,\vartheta) P_m^s(\cos\vartheta) \sin\vartheta\, d\vartheta \tag{5.18}$$

Aus (5.15) ist ersichtlich, daß der Index $s = n$ gewählt werden muß, da die Anregungsfunktion eine reine Ortszeitabhängigkeit aufweist.

Somit wird schließlich aus (5.18):

$$J_{n,m}^n(z) = \frac{\delta \Lambda(\infty)}{\pi} B_A \int_0^\pi d\vartheta \sin\vartheta P_m^n(\cos\vartheta) \cdot \int_0^{\hat{t}_0(\vartheta)} d\hat{t} \cos n\hat{t} \exp\left[-\frac{H B_A \rho_0(0) e^{-\frac{z}{H}}}{\cos\vartheta \cdot \sin\delta_s + \sin\vartheta \cos\delta_s \cos\hat{t}}\right] \tag{5.19}$$

Dieses Zweifachintegral ist elementar nicht mehr auszuwerten. Es wurde deshalb numerisch berechnet, und zwar nach einer Methode sukzessiver Intervallschachtelungen auf der Basis der Simpson-Regel.

Im Falle der Äquinoktien ist das innere Integral eine zum Äquator symmetrische Funktion. Es gilt dann die Beziehung:

$$J_{n,m}^n(z) = \frac{2\delta \Lambda(\infty)}{\pi} B_A \int_0^{\frac{\pi}{2}} d\vartheta \sin\vartheta P_m^n(\cos\vartheta) \cdot \int_0^{\frac{\pi}{2}} d\hat{t} \cos n\hat{t} \exp\left[-\frac{H B_A \rho_0(0) e^{-\frac{z}{H}}}{\sin\vartheta \cos\hat{t}}\right] \tag{5.20}$$

für $n+m$ = gerade Zahl.

Wenn n+m eine ungerade Zahl ist, so muß

$$J_{n,m}^{n}(z) \equiv 0 \qquad (5.20a)$$

gelten.

Im Verlauf der numerischen Rechnung erwies sich eine Entwicklung bis zur Ordnung m = 10 als im allgemeinen ausreichend.


## 6. Ergebnisse und deren Vergleich mit Beobachtungen

Auf der Grundlage der in Abschnitt 4 geschilderten Lösungsmethode wurden mit Hilfe der im vorigen Kapitel analysierten Anregungsfunktion die Geschwindigkeitsfelder der ganz- und halbtägigen solaren Gezeiten berechnet, und zwar für die Zeiten der Äquinoktien ($\delta_s$ = 0) und des Nordsommersolstitiums ($\delta_s$ = +23°27'). Eine Berechnung für das Südsommersolstitiums ($\delta_s$ = -23°27') erübrigt sich, da sich die zugehörigen Geschwindigkeitsfelder aus denen des Nordsommersolstitiums durch Spiegelung an der Äquatorebene ergeben (cf. Anhang 4). Die Rechenergebnisse wurden im Anhang 5 zusammengestellt.

Ein Vergleich der Geschwindigkeitsfelder für alle Breiten und Jahreszeiten zeigt, daß unterhalb von 100 km keine wesentliche Gezeitenschwingung vorhanden ist, was auch nicht verwunderlich ist, da unsere Anregung praktisch erst bei 100 km Höhe einsetzt. Messungen nach der Meteorspurmethode von GREENHOW und NEUFELD [1961] und ELFORD [1959] können wir mit unserer Anregung somit nicht erklären.

Sämtliche in Anhang 5 wiedergegebenen Hodographen zeigen in ihrer Höhenabhängigkeit prinzipiell den gleichen Verlauf. Zunächst wachsen die Geschwindigkeitsamplituden bis zu Maximalwerten von etwa 50 bis 100 m sec$^{-1}$ an; nehmen von ca. 110 km Höhe aber wieder ab. In dieser Tatsache ist der dämpfende Einfluß von Viskosität und Wärmeleitung zu erblicken, ohne deren Berücksichtigung bei einer isothermen Modellatmosphäre sich ein exponentielles Anwachsen der Amplituden ergeben würde.

Aus dem berechneten Windsystem läßt sich gemäß der Beziehung (A 1.7) die Größe der konvektiven Beschleunigungsterme in der Bewegungsgleichung (2.1) abschätzen. Es zeigt sich zwar, daß stets $|\mathbf{w} \cdot \text{grad } \mathbf{w}| \leq 10^{-6} \text{ sec}^{-1} |\mathbf{w}|$ ist, und damit eine lineare Theorie für die Gezeiten der E-Schicht im wesentlichen richtig bleibt, doch wäre es bedenklich, wollte man, was formal möglich ist, das hier benutzte Modell für Höhen über 150 km anwenden. Die in Abschnitt 1 und 2 angegebenen Voraussetzungen und Vereinfachungen, wie beispielsweise die Konstanz von g und M, werden dann so falsch, daß sich unsere Modellvorstellung nicht mehr anwenden läßt.

Abb. 4 zeigt den Hodographen der Höhenabhängigkeit für die ganztägige Schwingung im Nordsommersolstitium bezogen auf 40° nördlicher Breite zur Zeit t = 00 MOZ. Im Vergleich dazu ist daneben die ganztägige Komponente aufgetragen, die HINES [1966] nach Analyse der Messungen von MANRING et al. [1964] aufgrund der in Abschnitt 1 geschilderten Methode angibt. Die Werte gelten für 38° nördlicher Breite und Zeiten des Sonnenaufgangs. Sie beziehen sich auf den Zeitraum von August 1959 bis Mai 1963. Die qualitative Übereinstimmung von Theorie und Beobachtung ist befriedigend, zumal wenn man bedenkt, daß die Werte von HINES mit einer großen Streuung behaftet sind. Insbesondere stimmt die Polarisationsrichtung der Phasendrehung der beiden Windfelder als Funktion der Höhe überein. Der Wind dreht sich

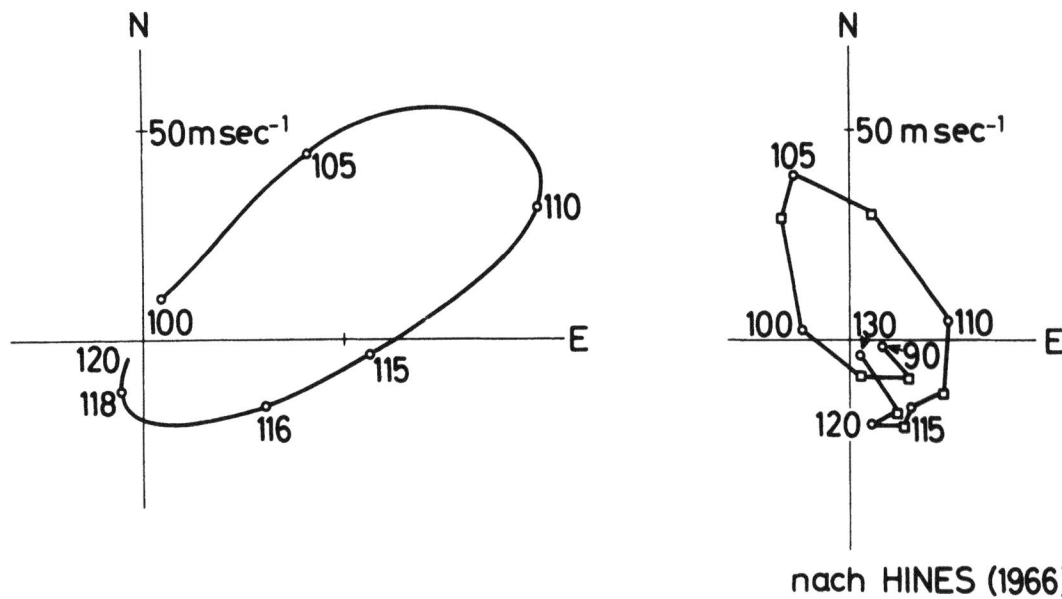

Abb. 4

mit zunehmender Höhe im Uhrzeigersinn. Dieser Drehsinn gilt, wie die Abbildungen in Anhang 5 zeigen, für die gesamte Nordhalbkugel; für die südliche Hemisphäre ist er entgegengesetzt.

Zum Vergleich der Breitenabhängigkeit der berechneten Windsysteme mit der Beobachtung, ist es günstig, die aus den Sq-Variationen berechneten Windsysteme zu benutzen (cf. Abschnitt 1). Die auf diese Weise bestimmten Winde stellen jedoch einen Integraleffekt des Höhenbereichs 100 bis 120 km dar. Damit unsere Werte verglichen werden konnten, mußten sie also vorher über die gesamte Schicht gemittelt werden, was nach der Formel:

$$\overline{v}^z_{\vartheta,\varphi} = \frac{1}{z_2 - z_1} \int_{z_1}^{z_2} v_{\vartheta,\varphi}(z)\, dz$$

geschah. Die Abbildungen 5, 5a, 6 und 6a geben das Ergebnis wieder. Zum Vergleich wurden die von MAEDA [1957] berechneten Windsysteme herangezogen.

Trotz ihres verschiedenen Ursprungs stimmen die Größenordnungen und die Polarisation der beiden Windsysteme gut überein, wobei im allgemeinen die ganztägige Komponente die halbtägige in der Größe der Amplituden übertrifft. Im übrigen zeigen die Rechnungen einen ausgeprägten Jahreszeitengang, der sich bei den ganztägigen Schwingungen am stärksten in der Amplitude und bei den halbtägigen Schwingungen in der Phase ausdrückt.

Aus der hinreichenden Übereinstimmung der Modellrechnung mit dem Beobachtungsmaterial läßt sich der wichtige Schluß ziehen, daß die solaren Gezeiten in der E-Schicht hauptsächlich durch eine Anregung verursacht werden, die in der gleichen Höhenregion liegt. Nur ein geringer Teil der Anregungsenergie stammt aus den tiefer gelegenen Schichten.

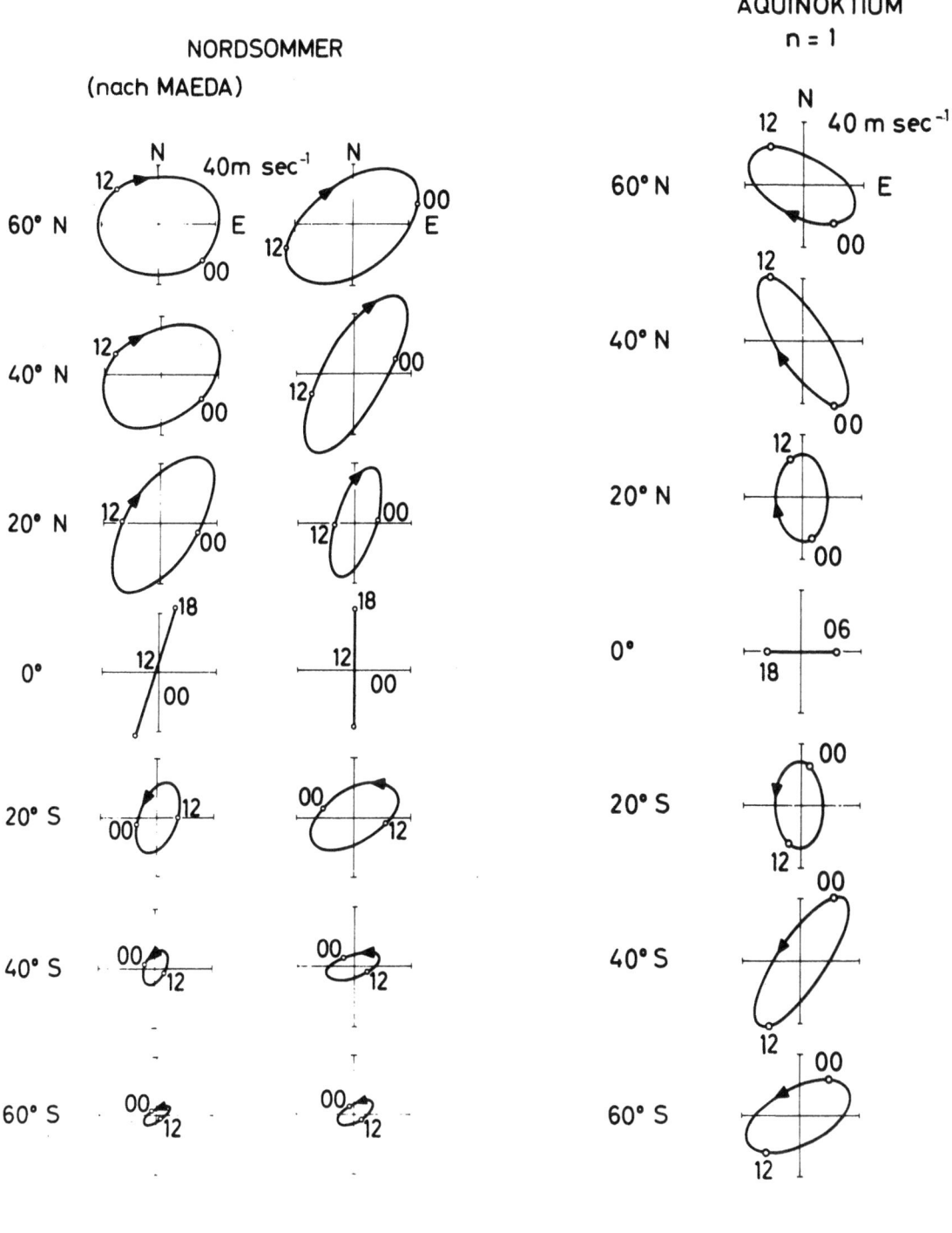

Abb. 5　　　　　　　　　　　Abb. 5a

Windsysteme der ganztägigen Gezeiten

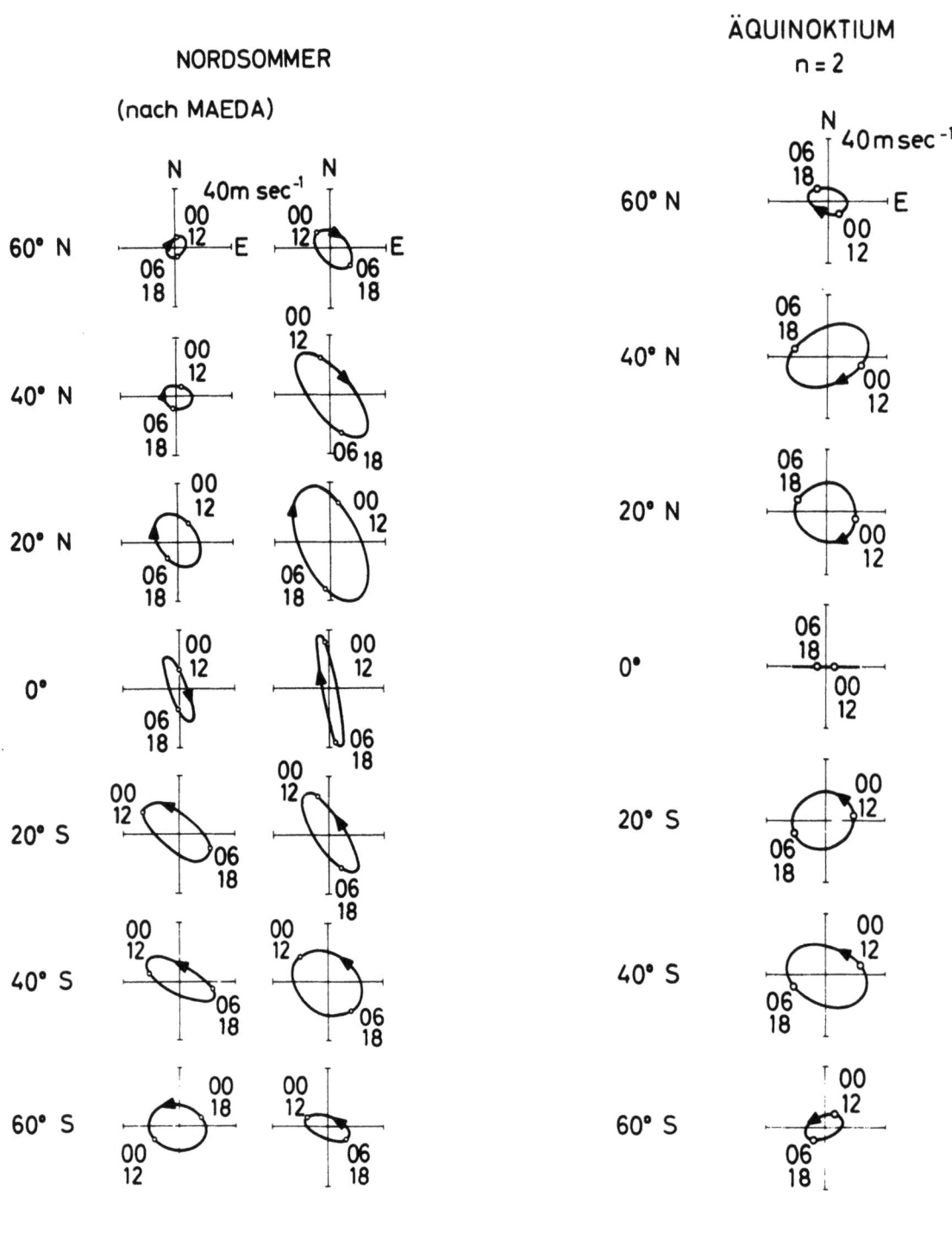

Abb. 6  Abb. 6a

Windsysteme der halbtägigen Gezeiten

## 7. Zusammenfassung

Beobachtungen zeigen, daß die Winde der Hochatmosphäre sehr wesentliche Gezeitenanteile enthalten. In der E-Schicht der Ionosphäre liegen die Geschwindigkeitsamplituden der Gezeitenwinde in der Größenordnung 50 bis 100 m sec$^{-1}$. Die Frage nach den Ursachen dieser Windsysteme, insbesondere die Frage der Lokalisierung der Anregung, war bislang offen. In der vorliegenden Arbeit wird davon ausgegangen, daß die Gezeitenbewegungen in der hohen Atmosphäre durch direkte thermische Anregung entstehen.

Die theoretische Behandlung erfolgt in der linearen hydromechanischen Näherung, wie sie in der klassischen Gezeitentheorie üblich ist. Als zusätzliche Effekte, die ein unbegrenztes Anwachsen der Amplituden mit der Höhe verhindern, werden Wärmeleitung und Viskosität berücksichtigt, die in der Ionosphäre zunehmend an Bedeutung gewinnen.

Zur Vereinfachung des Modells wird angenommen, daß die Atmosphäre im Grundzustand isotherm ist und als ein ideales Gas mit konstantem mittlerem Molekulargewicht behandelt werden kann. Dennoch kann das entsprechende System partieller Differentialgleichungen auf einfache Weise weder entkoppelt noch separiert werden. Zwar existiert eine Integraltransformation, mit der eine Entkopplung gelingt, doch sind letztlich die gefundenen Lösungsreihen wegen der schlechten Konvergenz in der Praxis nicht zu verwenden. Als Ausgangspunkt der numerischen Rechnungen dient daher ein Störungsansatz nach dem Coriolisparameter, was sich als nützlich erweist, weil in der E-Schicht die Coriolisterme in den Bewegungsgleichungen höchstens von gleicher Größenordnung wie die Reibungsterme sind. Die Konvergenz des Verfahrens verbessert sich mit wachsender Höhe.

Die wichtigste Anregungsquelle solarer ionosphärischer Gezeiten ist die direkt absorbierte Sonnenstrahlung. Im Bereich der E-Schicht wird nach WATANABE und HINTEREGGER [1962] die Photoionisation hauptsächlich durch UV-Strahlung des Wellenlängenbereichs 911-1027 Å hervorgerufen. Unter der Annahme, daß Wärmeerzeugung und Strahlungsabsorption einander proportional sind, kann aus den bekannten Absorptionsraten eine Anregungsfunktion gewonnen werden.

Die auf der Grundlage des Modells und der Anregungsfunktion berechneten Windsysteme zeigen eine gute qualitative Übereinstimmung mit der Beobachtung [HINES, 1966] und den aus geomagnetischen Sq-Variationen erschlossenen Winden [MAEDA, 1957]. Die solaren Gezeiten in der E-Schicht werden somit hauptsächlich durch eine thermische Anregung verursacht, die im gleichen Höhenbereich liegt.

Die vorliegende Arbeit wurde am Institut für Geophysik der Universität Göttingen angefertigt.

Für die Anregung der Arbeit und ihre wohlwollende Förderung danke ich herzlich Herrn Prof. Dr. M. Siebert.

# ANHÄNGE

## Anhang 1

### Vereinfachung der Grundgleichungen

In den Grundgleichungen werden zahlreiche Vereinfachungen und Vernachlässigungen durchgeführt, von denen einige etwas eingehender betrachtet werden sollen:

1. Reibungsterme in der Bewegungsgleichung

Die Reibungsterme in (2.1) lauten:

$$\mathcal{R} = \frac{\eta}{\rho} \Delta \vec{w} + \frac{1}{\rho}\left(\zeta + \frac{\eta}{3}\right) \text{grad div } \vec{w} \tag{A1.1}$$

Nach Einführung von sphärischen Polarkoordinaten wird hieraus in Komponentenschreibweise:

$$(\mathcal{R})_r = \frac{\eta}{\rho}\left[\frac{1}{r}\frac{\partial^2(rv_r)}{\partial r^2} + \frac{1}{r^2}\frac{\partial^2 v_r}{\partial \vartheta^2} + \frac{1}{r^2\sin^2\vartheta}\frac{\partial^2 v_r}{\partial \varphi^2} + \frac{\text{ctg}\,\vartheta}{r^2}\frac{\partial v_r}{\partial \vartheta} - \ldots \right. \tag{A1.2}$$

$$\ldots - \frac{2}{r^2}\frac{\partial v_\vartheta}{\partial \vartheta} - \frac{2}{r^2\sin\vartheta}\frac{\partial v_\varphi}{\partial \varphi} - \frac{2v_r}{r^2} - \frac{2\,\text{ctg}\,\vartheta}{r^2}v_\vartheta \Bigg] + \frac{(\zeta+\frac{\eta}{3})}{\rho}\left[\frac{\partial^2 v_r}{\partial r^2} - \ldots\right.$$

$$\ldots - \frac{2}{r^2}v_r + \frac{2}{r}\frac{\partial v_r}{\partial r} - \frac{1}{r^2}\frac{\partial v_\vartheta}{\partial \vartheta} + \frac{1}{r}\frac{\partial^2 v_\vartheta}{\partial r\partial\vartheta} + \frac{\text{ctg}\,\vartheta}{r}\frac{\partial v_\vartheta}{\partial r} - \frac{\text{ctg}\,\vartheta}{r^2}v_\vartheta - \ldots$$

$$\ldots - \frac{1}{r^2\sin\vartheta}\frac{\partial v_\varphi}{\partial \varphi} + \frac{1}{r\sin\vartheta}\frac{\partial^2 v_\varphi}{\partial r\partial\varphi} \Bigg]$$

$$(\mathcal{R})_\vartheta = \frac{\eta}{\rho}\left[\frac{1}{r}\frac{\partial^2(rv_\vartheta)}{\partial r^2} + \frac{1}{r^2}\frac{\partial^2 v_\vartheta}{\partial \vartheta^2} + \frac{1}{r^2\sin^2\vartheta}\frac{\partial^2 v_\vartheta}{\partial \varphi^2} + \frac{\text{ctg}\,\vartheta}{r^2}\frac{\partial v_\vartheta}{\partial \vartheta} - \ldots \right. \tag{A1.3}$$

$$\ldots - \frac{2\cos\vartheta}{r^2\sin^2\vartheta}\frac{\partial v_\varphi}{\partial \varphi} + \frac{2}{r^2}\frac{\partial v_r}{\partial \vartheta} - \frac{v_\vartheta}{r^2\sin^2\vartheta} \Bigg] + \frac{(\zeta+\frac{\eta}{3})}{\rho}\left[\frac{1}{r}\frac{\partial^2 v_r}{\partial r\partial\vartheta} + \ldots\right.$$

$$\ldots + \frac{2}{r^2}\frac{\partial v_r}{\partial \vartheta} + \frac{1}{r^2}\frac{\partial^2 v_\vartheta}{\partial \vartheta^2} - \frac{v_\vartheta}{r^2\sin^2\vartheta} + \frac{\text{ctg}\,\vartheta}{r^2}\frac{\partial v_\vartheta}{\partial \vartheta} + \frac{1}{r^2\sin\vartheta}\frac{\partial^2 v_\vartheta}{\partial \vartheta\partial\varphi} - \ldots$$

$$\ldots - \frac{\cos\vartheta}{r^2\sin^2\vartheta}\frac{\partial v_\varphi}{\partial \varphi} \Bigg]$$

$$(\mathcal{R})_\varphi = \frac{\eta}{\rho}\left[\underline{\frac{1}{r}\frac{\partial^2(rv_\varphi)}{\partial r^2}} + \frac{1}{r^2}\frac{\partial^2 v_\varphi}{\partial \vartheta^2} + \frac{1}{r^2\sin^2\vartheta}\frac{\partial^2 v_\varphi}{\partial \varphi^2} + \frac{\operatorname{ctg}\vartheta}{r^2}\frac{\partial v_\vartheta}{\partial \vartheta} + \ldots \right. \quad (A1.4)$$

$$\ldots + \frac{2}{r^2\sin\vartheta}\frac{\partial v_r}{\partial \varphi} + \frac{2\cos\vartheta}{r^2\sin^2\vartheta}\frac{\partial v_\vartheta}{\partial \varphi} - \frac{v_\varphi}{r^2\sin^2\vartheta}\left.\right] + \frac{(\zeta+\frac{\eta}{3})}{\rho}\left[\frac{1}{r\sin\vartheta}\frac{\partial^2 v_r}{\partial r\partial \varphi} + \ldots \right.$$

$$\ldots + \frac{2}{r^2\sin\vartheta}\frac{\partial v_r}{\partial r} + \frac{1}{r^2\sin\vartheta}\frac{\partial^2 v_\vartheta}{\partial \vartheta\partial \varphi} + \frac{\operatorname{ctg}\vartheta}{r^2\sin\vartheta}\frac{\partial v_\vartheta}{\partial \varphi} + \frac{1}{r^2\sin^2\vartheta}\frac{\partial^2 v_\varphi}{\partial \varphi^2}\left.\right]$$

Unter der Annahme, daß $v_\vartheta$ und $v_\varphi$ von erster Ordnung, $v_r$ dagegen von zweiter Ordnung klein sind, brauchen für Gebiete, die nicht zu nahe an den Polen liegen, wegen der Größe des Radiusvektors $r = a + z$ nur die unterstrichenen Terme berücksichtigt zu werden.

2. Terme der konvektiven Beschleunigung in der Bewegungsgleichung.

Die Terme der konvektiven Beschleunigung in (2.1) lauten:

$$\mathcal{R} = \overline{\mathcal{w}} \cdot \operatorname{grad} \overline{\mathcal{w}} \qquad (A1.5)$$

Zerlegen wir das Strömungsfeld $\overline{\mathcal{w}}$ in eine Grundströmung $\mathcal{w}_o$ und in das Gezeitengeschwindigkeitsfeld $\mathcal{w}$, so wird aus obiger Gleichung:

$$\mathcal{R} = \mathcal{w}_o \cdot \operatorname{grad}\mathcal{w}_o + \mathcal{w}_o \cdot \operatorname{grad}\mathcal{w} + \mathcal{w} \cdot \operatorname{grad}\mathcal{w}_o + \mathcal{w} \cdot \operatorname{grad}\mathcal{w} \qquad (A1.6)$$

Das Glied $\mathcal{w}_o \cdot \operatorname{grad}\mathcal{w}_o$ weist definitionsgemäß keine zeitliche Periodizität auf und kann daher für die Gezeitentheorie außer Betracht bleiben. $\mathcal{w}$ soll von erster Ordnung klein sein; mithin kann $\mathcal{w} \cdot \operatorname{grad}\mathcal{w}$ vernachlässigt werden. Es bleibt nach Einführung von sphärischen Polarkoordinaten:

$$\mathcal{R} = \mathbf{1}_r\left[v_{r_o}\frac{\partial v_r}{\partial r} + v_r\frac{\partial v_{r_o}}{\partial r} + \frac{v_{\vartheta_o}}{r}\frac{\partial v_r}{\partial \vartheta} + \frac{v_\vartheta}{r}\frac{\partial v_{r_o}}{\partial \vartheta} + \frac{v_{\varphi_o}}{r\sin\vartheta}\frac{\partial v_r}{\partial \varphi} + \ldots \right. \quad (A1.7)$$

$$\ldots + \frac{v_\varphi}{r\sin\vartheta}\frac{\partial v_{r_o}}{\partial \varphi} - \frac{2}{r}(v_\vartheta v_{\vartheta_o} + v_\varphi v_{\varphi_o})\left.\right] + \mathbf{1}_\vartheta\left[\frac{v_{\vartheta_o}}{r}\frac{\partial v_\vartheta}{\partial \vartheta} + \frac{v_\vartheta}{r}\frac{\partial v_{\vartheta_o}}{\partial \vartheta} + \ldots\right.$$

$$\ldots + \underline{v_{r_o}\frac{\partial v_\vartheta}{\partial r}} + v_r\frac{\partial v_{\vartheta_o}}{\partial r} + \frac{v_{\varphi_o}}{r\sin\vartheta}\frac{\partial v_\vartheta}{\partial \varphi} + \frac{v_\varphi}{r\sin\vartheta}\frac{\partial v_{\vartheta_o}}{\partial \varphi} + \frac{v_{\vartheta_o}v_r + v_\vartheta v_{r_o}}{r} - \ldots$$

$$\ldots - 2\frac{v_\varphi v_{\varphi_o}}{r}\operatorname{ctg}\vartheta\left.\right] + \mathbf{1}_\varphi\left[\frac{v_{\varphi_o}}{r\sin\vartheta}\frac{\partial v_\varphi}{\partial \varphi} + \frac{v_\varphi}{r\sin\vartheta}\frac{\partial v_{\varphi_o}}{\partial \varphi} + v_{r_o}\frac{\partial v_\varphi}{\partial r} - v_r\frac{\partial v_{\varphi_o}}{\partial r} + \ldots\right.$$

$$\ldots + \frac{v_{\vartheta_o}}{r}\frac{\partial v_\varphi}{\partial \vartheta} + \frac{v_\vartheta}{r}\frac{\partial v_{\varphi_o}}{\partial \vartheta} + \frac{v_{\varphi_o}v_r + v_\varphi v_{r_o}}{r} + \operatorname{ctg}\vartheta\frac{v_{\varphi_o}v_\vartheta + v_\varphi v_{\vartheta_o}}{r}\left.\right]$$

A.1            - 40 -

Unter den oben gemachten Voraussetzungen, insbesondere der Beschränkung auf Gebiete, die nicht zu nahe an den Polen liegen, können alle Terme bis auf die unterstrichenen vernachlässigt werden. Wollen wir auch diese unbeachtet lassen, so müssen wir annehmen, daß $v_{r_0}$ von erster Ordnung klein sein soll. Unter dieser Voraussetzung sind dann die konvektiven Beschleunigungsterme vernachlässigbar.

3. Terme der Energiegleichung

Bis auf Größen zweiter Ordnung wird aus (2.4) bei unserem Störungsansatz:

$$\frac{p_0}{\rho_0} \operatorname{div} \boldsymbol{v}_0 + c_v \boldsymbol{v}_0 \cdot \operatorname{grad} T_0 - \frac{\lambda}{\rho_0} \Delta T_0 - J_0 = c_v (\boldsymbol{v} \cdot \operatorname{grad} T_0 + \underline{\frac{\partial \delta T}{\partial t}} + \boldsymbol{v}_0 \cdot \operatorname{grad} \delta T) + \ldots \tag{A1.8}$$

$$\ldots + \left( \frac{\delta p}{\rho_0} - \frac{p_0}{\rho_0^2} \delta \rho \right) \operatorname{div} \boldsymbol{v}_0 + \frac{p_0}{\rho_0} \operatorname{div} \boldsymbol{v} + \frac{\lambda}{\rho_0^2} \delta \rho \, \Delta T_0 - \underline{\frac{\lambda}{\rho_0} \Delta \delta T} - \underline{J}$$

Da die linke Seite der Gleichung keine periodische Zeitabhängigkeit besitzt, müssen beide Seiten der Gleichung für sich verschwinden. Uns interessiert aber nur die rechte Seite von (A1.8). Unter den Voraussetzungen, die oben gemacht wurden, sind alle Terme bis auf die unterstrichenen vernachlässigbar. Für eine isotherme Atmosphäre gilt $\Delta T_0 = 0$. Ferner genügt es, für Gebiete, die nicht zu nahe an den Polen liegen, für den Laplace-Operator zu setzen:

$$\Delta \delta T = \frac{\partial^2 \delta T}{\partial z^2} \tag{A1.9}$$

Es folgt somit Gleichung (2.10).

## Anhang 2

### Die finite Hankel-Transformation

Wir betrachten folgendes Integral:

$$\bar{f}(p) = \int_0^1 f(r)\, r\, J_0(pr)\, dr \tag{A2.1}$$

mit:

$$J_0(p) = 0, \quad p > 0.$$

Erfüllt $f(r)$ im Intervall $[0,1]$ die Dirichlet-Bedingung, von beschränkter Variation zu sein und nur endliche Unstetigkeitspunkte zu besitzen, so gilt die Umkehrungsformel [cf. TRANTER, 1966]:

$$f(r) = \sum_p 2\, \frac{J_0(pr)}{J_1^2(p)}\, \bar{f}(p) \tag{A2.2}$$

In (A2.1) und (A2.2) setzen wir $r = e^{-\frac{z}{2H}}$ und erhalten:

$$\bar{f}(p) = \int_0^\infty \frac{J_0(pe^{-\frac{z}{2H}})}{2H}\, e^{-\frac{z}{H}} \cdot f(e^{-\frac{z}{2H}})\, dz \tag{A2.1a}$$

$$f(e^{-\frac{z}{2H}}) = \sum_p 2\, \frac{J_0(pe^{-\frac{z}{2H}})}{J_1^2(p)}\, \bar{f}(p) \tag{A2.2a}$$

Setzen wir $f(e^{-\frac{z}{2H}}) = g(z)$, $\bar{f}(p) = \bar{g}(p)$, so wird:

$$\bar{g}(p) = \int_0^\infty \frac{J_0(pe^{-\frac{z}{2H}})}{2H}\, e^{-\frac{z}{H}}\, g(z)\, dz \tag{A2.3}$$

$$g(z) = \sum_p 2\, \frac{J_0(pe^{-\frac{z}{2H}})}{J_1^2(p)}\, \bar{g}(p) \tag{A2.4}$$

Der Transformationskern hat folgende Eigenschaft:

$$\frac{d^2}{dz^2} J_0(pe^{-\frac{z}{2H}}) = -\frac{p^2}{4H^2}\, e^{-\frac{z}{H}}\, J_0(pe^{-\frac{z}{2H}}). \tag{A2.5}$$

A. 2

Für die Gültigkeitsgrenzen der finiten Hankel-Transformation gelten die nachfolgenden Sätze, deren Beweis sich bei WATSON [1944] findet:

Die Hankel-Fourier-Entwicklung nullter Ordnung gilt für das offene Intervall $0 < r < 1$, wenn $f(r)$ in jedem abgeschlossenen Intervall, das in $0 < r < 1$ liegt, von beschränkter Variation ist, und das Integral $\int_0^1 |f(r)| r^{1/2} dr$ existiert.

Die Entwicklung konvergiert gleichförmig in dem Intervall $0 < a \leq r \leq 1$ dann und nur dann, wenn $f(1) = 0$ ist.

In unserem Falle ist jedoch nicht nur die gleichförmige Konvergenz der Reihen bezüglich $r$ interessant. Da wir auch Differentiationen nach $\vartheta$ und $\varphi$ ausführen, ist zu fordern, daß die bezüglich $\vartheta$ und $\varphi$ differenzierten Reihen gleichmäßig konvergieren. Dann dürfen die ursprünglichen Reihen gliedweise nach $\vartheta$ und $\varphi$ differenziert werden.

# Anhang 3

## Berechnung des inversen Operators $\bigodot_x^{-1}$

Im Abschnitt 4.2 hatten wir den inversen Operator $\bigodot_x^{-1}$ eingeführt, den wir jetzt berechnen wollen. Es ist:

$$\bigodot_x \equiv i - 4\epsilon e^x \frac{\partial^2}{\partial x^2}, \qquad (A\,3.1)$$

wobei $\bigodot_x$ auf Funktionen $v(x)$ im Intervall $0 \leq x < \infty$ wirkt, welche die Randbedingungen:

$$v(0) = 0 \quad \text{und} \quad \lim_{x \to \infty} \frac{\partial v}{\partial x} = 0 \qquad (A\,3.2)$$

erfüllen.

Betrachten wir nun die inhomogene Differentialgleichung:

$$\bigodot_x v = y \qquad (A\,3.3)$$

mit den Randbedingungen (A3.2), so läßt sich durch Einführen der Substitution:

$$\zeta = a_R e^{-\frac{x}{2}}, \quad a_R^2 = -\frac{i}{\epsilon} \qquad (A\,3.4)$$

die Beziehung (A3.3) in eine inhomogene Besselsche Differentialgleichung überführen:

$$\zeta^2 v_{\zeta\zeta} + \zeta v_\zeta + \zeta^2 v = \frac{\zeta^2}{i} y. \qquad (A\,3.5)$$

Nach Rücktransformation auf die unabhängige Variable $x$ lautet die allgemeine Lösung dieser Gleichung:

$$v(x) = C_1 J_o(a_R e^{-\frac{x}{2}}) + C_2 Y_o(a_R e^{-\frac{x}{2}}) + \ldots$$

$$\ldots + \frac{\pi a_R^2}{i\,4} \left\{ Y_o(a_R e^{-\frac{x}{2}}) \int_x^\infty J_o(a_R e^{-\frac{\hat{x}}{2}}) e^{-\hat{x}} y\, d\hat{x} - J_o(a_R e^{-\frac{x}{2}}) \int_0^\infty Y_o(a_R e^{-\frac{\hat{x}}{2}}) e^{-\hat{x}} y\, d\hat{x} \right\} \qquad (A\,3.6)$$

$J_o$ und $Y_o$ bezeichnen wieder die Bessel- bzw. Neumann-Funktion nullter Ordnung. Man sieht nun leicht ein, daß zur Befriedigung der Randbedingungen (A3.2) gesetzt werden muß:

$$C_1 = -\frac{\pi a_R^2}{i\,4} \left\{ \frac{Y_o(a_R)}{J_o(a_R)} \int_0^\infty J_o(a_R e^{-\frac{\hat{x}}{2}}) e^{-\hat{x}} y\, d\hat{x} - \int_0^\infty Y_o(a_R e^{-\frac{\hat{x}}{2}}) e^{-\hat{x}} y\, d\hat{x} \right\} \qquad (A\,3.7)$$

$$C_2 = 0 \qquad (A\,3.8)$$

A.3  - 44 -

Dies ergibt zusammen mit (A3.6):

$$v(x) = \frac{\pi a_R^2}{i4} \left\{ \int_x^\infty \left[ Y_o(a_R e^{-\frac{x}{2}}) \cdot J_o(a_R e^{-\frac{\hat{x}}{2}}) - J_o(a_R e^{-\frac{x}{2}}) \cdot Y_o(a_R e^{-\frac{\hat{x}}{2}}) \right] e^{-\hat{x}} y(\hat{x}) d\hat{x} - \ldots \right.$$

$$\left. \ldots - \frac{J_o(a_R e^{-\frac{x}{2}})}{J_o(a_R)} \int_0^\infty \left[ Y_o(a_R) \cdot J_o(a_R e^{-\frac{\hat{x}}{2}}) - J_o(a_R) Y_o(a_R e^{-\frac{\hat{x}}{2}}) \right] e^{-\hat{x}} y(\hat{x}) d\hat{x} \right\} \quad (A3.9)$$

Damit ist die Form des Umkehroperators $\bigodot_x^{-1}$ unter den Randbedingungen (A3.2) gefunden.

Es gilt somit:

$$\bigodot_x \cdot \bigodot_x^{-1} y = y \quad (A3.10)$$

Nehmen wir y aus der Klasse der in $0 \leq x < \infty$ zweimal stetig differenzierbaren Funktionen, die außerdem (A3.2) erfüllen, so gilt auch:

$$\bigodot_x^{-1} \cdot \bigodot_x y = y \quad (A3.11)$$

weil dann $\bigodot_x$ eine umkehrbar eindeutige Abbildung vermittelt. (A3.11) kann auch durch direktes Nachrechnen überprüft werden.

Da $|a_R| \gg 1$ ist, läßt sich (A3.9) noch vereinfachen. Der Quotient:

$$Q(x) = \frac{Y_o(a_R e^{-x/2})}{J_o(a_R e^{-x/2})}$$

kann auch durch die erste Hankel-Funktion nullter Ordnung $H_o^{(1)}$ ausgedrückt werden:

$$Q(x) = i \left\{ 1 - \frac{H_o^{(1)}(a_R e^{-x/2})}{J_o(a_R e^{-x/2})} \right\} . \quad (A3.12)$$

Unter der Voraussetzung, daß wir $\mathcal{R}e\,(a_R) > 0$ wählen, gilt:

$$\left| \frac{H_o^{(1)}(a_R)}{J_o(a_R)} \right| \ll 1 \quad (A3.13)$$

Aus (A3.9) wird:

$$v = \frac{\pi a_R^2}{4i} J_o(a_R e^{-\frac{x}{2}}) \cdot \left\{ \int_x^\infty \left[ Q(x) \cdot J_o(a_R e^{-\frac{\hat{x}}{2}}) - Y_o(a_R e^{-\frac{\hat{x}}{2}}) \right] e^{-\hat{x}} y \, d\hat{x} - \ldots \right.$$

$$\left. \ldots - \int_0^\infty \left[ Q(0) \cdot J_o(a_R e^{-\frac{\hat{x}}{2}}) - Y_o(a_R e^{-\frac{\hat{x}}{2}}) \right] e^{-\hat{x}} y \, d\hat{x} \right\} \quad (A3.14)$$

Wenden wir auf das zweite Integral Ungleichung (A3.13) an, so ergibt sich nach einigen Umformungen:

$$v(x) = -\frac{\pi a_R^2}{4} \left\{ J_o(a_R e^{-\frac{x}{2}}) \cdot \int_0^x H_o^{(1)}(a_R e^{-\frac{\hat{x}}{2}}) e^{-\hat{x}} y \, d\hat{x} - H_o^{(1)}(a_R e^{-\frac{x}{2}}) \cdot \int_x^\infty J_o(a_R e^{-\frac{\hat{x}}{2}}) e^{-\hat{x}} y \, d\hat{x} \right\} \quad (A3.15)$$

Das zweite Integral ist für $x \gg 1$ und $x \ll 1$ vernachlässigbar.

## Anhang 4

### Symmetrieeigenschaften der Lösungen

Die Gleichungen erfüllen folgende Symmetrieeigenschaft:

Ersetzen wir die Kobreitenabhängigkeit durch eine Abhängigkeit vom Winkel $\bar{\vartheta} = \pi - \vartheta$, was einer Spiegelung an der Äquatorebene entspricht, und die Deklination der Sonne $\delta_s$ durch $-\delta_s$, was einer Vertauschung der Jahreszeiten gleichkommt, so sind die Geschwindigkeitsfelder durch solche zu ersetzen, die aus den ursprünglichen durch Spiegelung an der Äquatorebene hervorgehen. Dies bedeutet insbesondere eine Umkehrung der Polarisation des Windvektors sowohl in seiner Zeit- als auch in seiner Höhenabhängigkeit.

Zum Beweis sehen wir uns noch einmal die horizontalen Bewegungsgleichungen (2.5) und (2.6) an. Bezeichnen wir die transformierten Größen mit einem Querstrich, so wird aus $\sin \vartheta = \sin \bar{\vartheta}$ und $\cos \vartheta = -\cos \bar{\vartheta}$ und mithin:

$$i\sigma \bar{v}_\varphi + 2\omega \cos\bar{\vartheta}(-\bar{v}_\vartheta) = -\frac{is\bar{y}}{a \cdot \sin\bar{\vartheta}} + \frac{\eta e^x}{\rho_o(0)H^2} \frac{\partial^2 \bar{v}_\varphi}{\partial x^2} \tag{A 4.1}$$

$$i\sigma(-\bar{v}_\vartheta) - 2\omega \cos\bar{\vartheta}\, \bar{v}_\varphi = -\frac{1}{a}\frac{\partial \bar{y}}{\partial \bar{\vartheta}} + \frac{\eta e^x}{\rho_o(0)H^2} \frac{\partial^2 (-\bar{v}_\vartheta)}{\partial x^2} \tag{A 4.2}$$

Aus den Gleichungen (3.17), (3.18) und (3.19) wird:

$$\frac{M}{R} \frac{\partial \bar{y}}{\partial x} = \bar{\delta T} \tag{A 4.3}$$

$$\bar{X} - \frac{1}{H}\frac{\partial \bar{v}_z}{\partial x} = \frac{1}{a \sin\bar{\vartheta}} \left\{ \frac{\partial}{\partial \bar{\vartheta}}\left((-\bar{v}_\vartheta)\sin\bar{\vartheta}\right) + is\bar{v}_\varphi \right\} \tag{A 4.4}$$

$$\bar{X} - \frac{1}{H}\frac{\partial \bar{v}_z}{\partial x} = \frac{1}{g}\left\{ \frac{i\sigma}{\varkappa H}\left(\frac{\partial^2 \bar{y}}{\partial x^2} - \frac{\partial \bar{y}}{\partial x}\right) - \frac{\lambda M e^x}{RH^3 \rho_o(0)} \frac{\partial^4 \bar{y}}{\partial x^4} - \frac{1}{H}\left(\bar{J} - \frac{\partial \bar{J}}{\partial x}\right) \right\} \tag{A 4.5}$$

Da, wie wir aus Gleichung (5.11) ersehen, die Anregungsfunktion nur über die Zenitdistanz $\chi_o$ der Sonne von der Kobreite abhängt, ergibt sich für $\bar{J}$:

$$\bar{J} = f\left(\cos\bar{\vartheta} \cdot \sin(-\delta_s) + \sin\bar{\vartheta} \cdot \cos(-\delta_s) \cdot \cos\hat{t}\right) \tag{A 4.6}$$

Wie wir aus den Gleichungen (A 4.1) - (A 4.5) ersehen können, ist die ursprüngliche Form der Gleichungen erhalten geblieben. Da das Gleichungssystem aber nur eine Lösung besitzt, muß gelten:

$$\left.\begin{array}{c}\vartheta \longrightarrow \bar{\vartheta} \\ \delta_s \longrightarrow -\delta_s\end{array}\right\} \curvearrowright \begin{array}{c} v_\varphi \longrightarrow v_\varphi = \bar{v}_\varphi \\ v_\vartheta \longrightarrow -v_\vartheta = \bar{v}_\vartheta \end{array} \tag{A 4.7}$$

Dies ist aber genau unsere behauptete Symmetrieeigenschaft der Geschwindigkeitsfelder.

A. 5

Anhang 5

Zusammenstellung der berechneten Windsysteme

Die im folgenden gezeigten Hodographen der Höhenabhängigkeit der Gezeitenwinde beziehen sich alle auf $t = 00$ MOZ. M bedeutet den Mittelwert des Höhenbereichs 100 - 120 km. Die Zahlen am Rande der Kurven bezeichnen die Höhe in km.

Die Hodographen für das Nordwintersolstitium sowie für die Südhalbkugel zu Zeiten der Äquinoktien ergeben sich aus den Symmetrieeigenschaften, die in Anhang 4 beschrieben wurden.

A    Ganztägige Komponente im Nordsommersolstitium

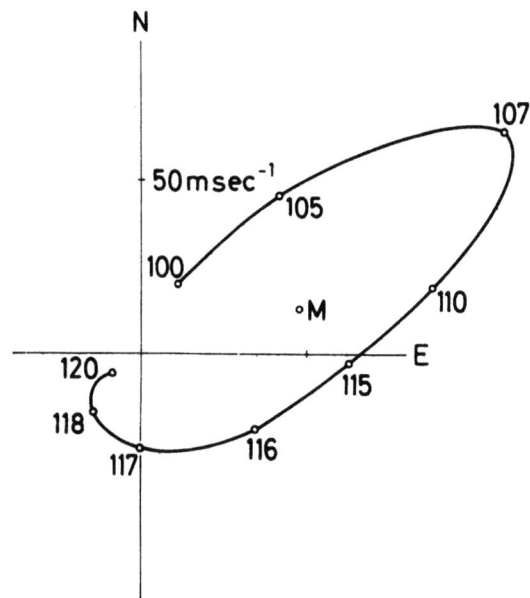

Abb. 7

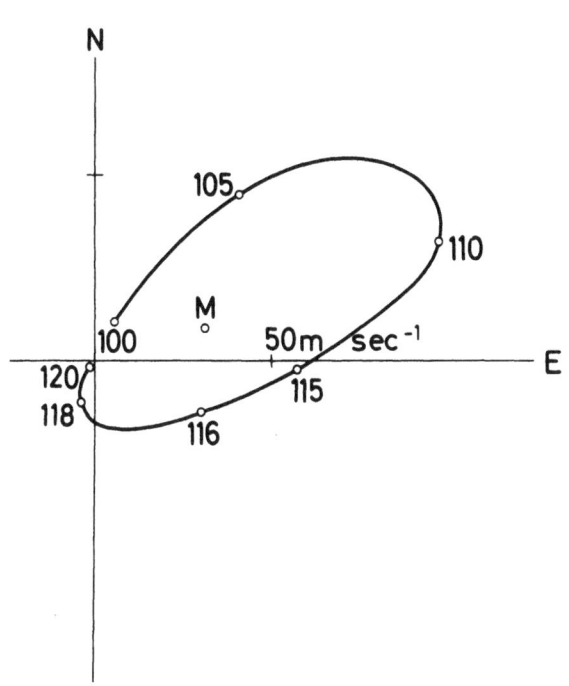

Abb. 8

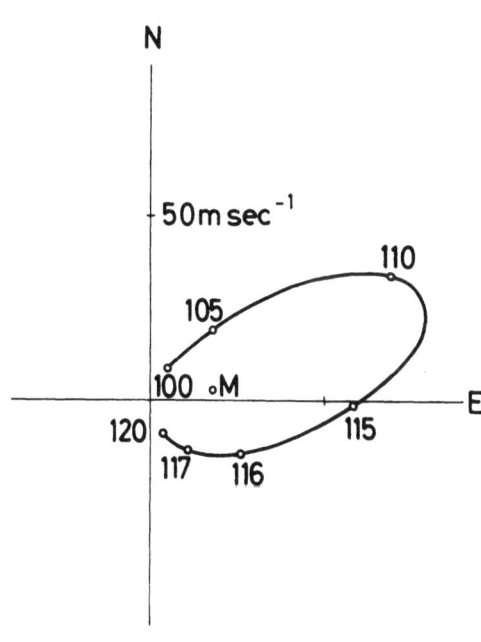

Abb. 9

NORDSOMMER
n=1, 0°

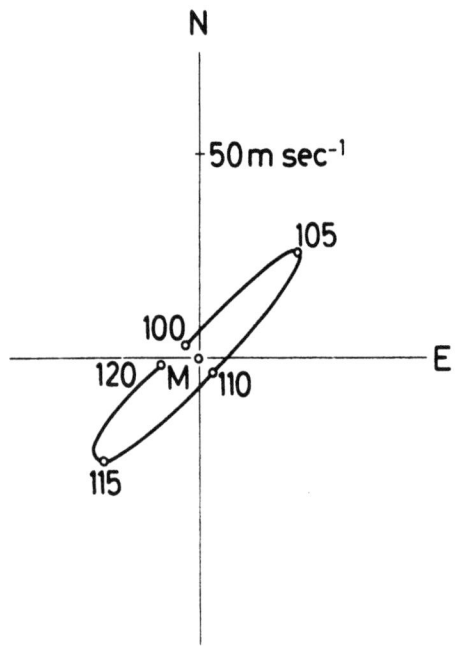

Abb. 10

NORDSOMMER
n=1, 20° S

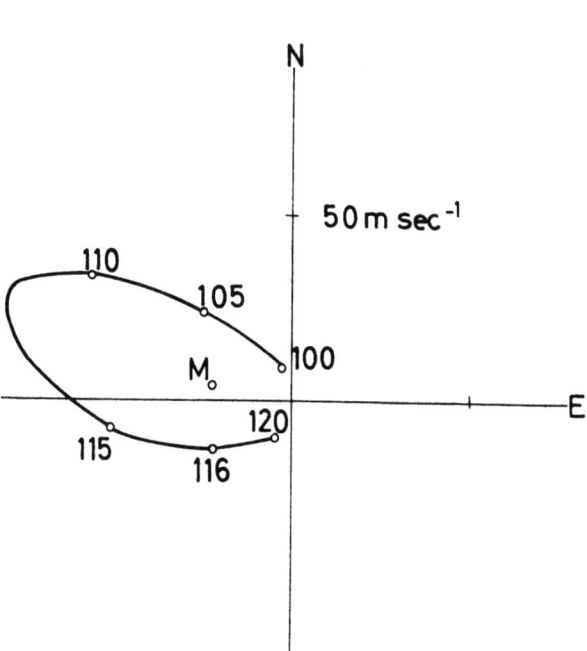

Abb. 11

NORDSOMMER
n=1, 40°S

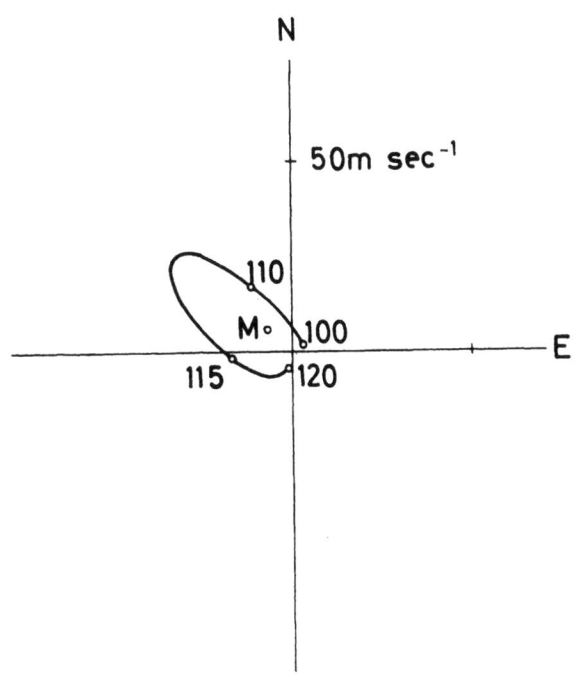

Abb. 12

NORDSOMMER
n=1, 60° S

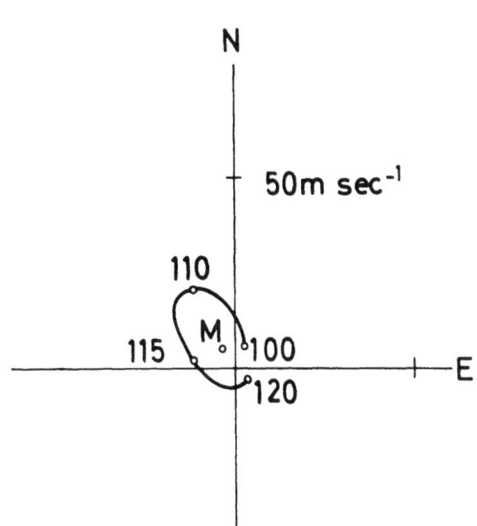

Abb. 13

B  Ganztägige Komponente im Äquinoktium

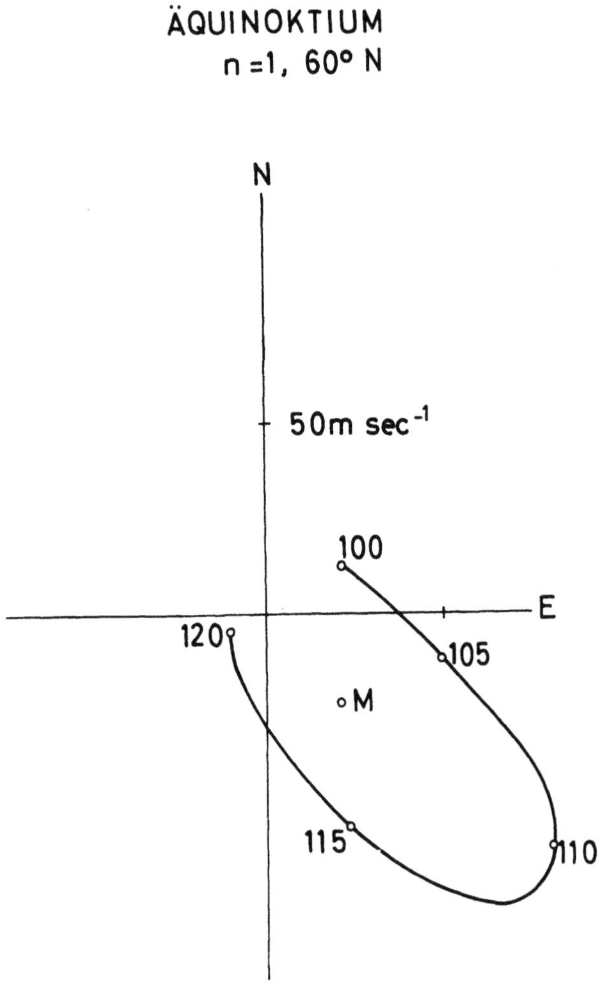

**ÄQUINOKTIUM**
n =1, 60° N

Abb. 14

**ÄQUINOKTIUM**
n =1, 40° N

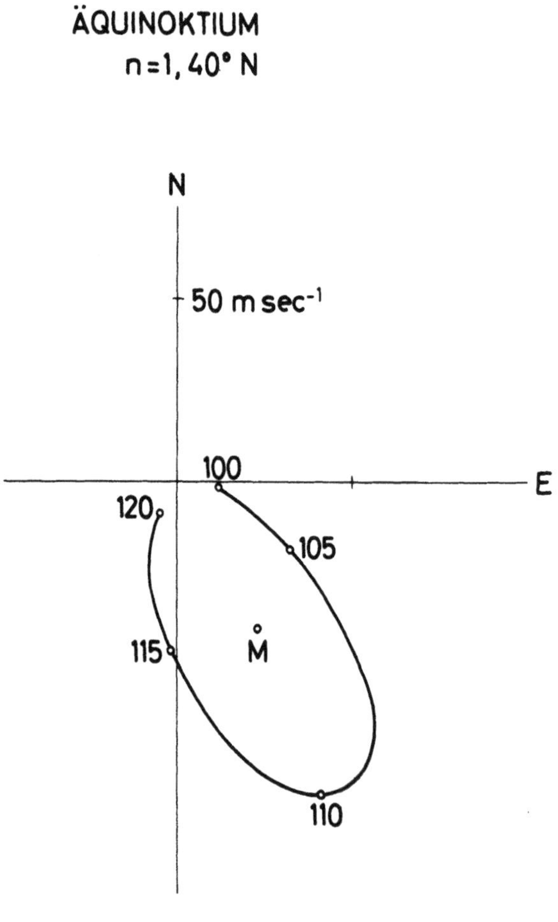

Abb. 15

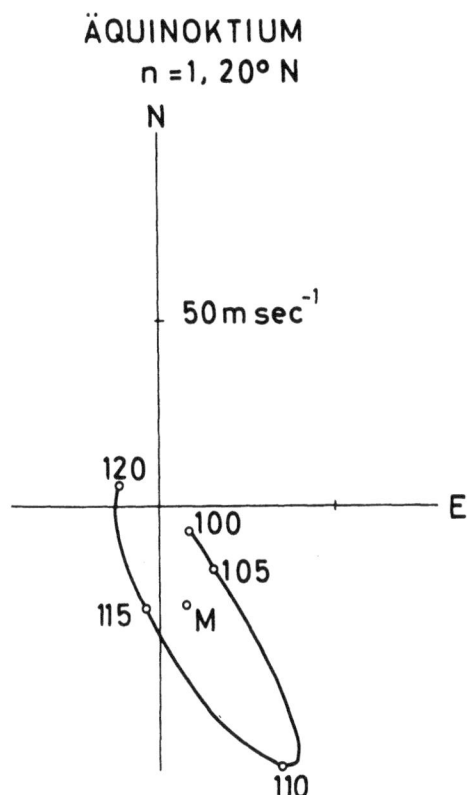

Abb. 16

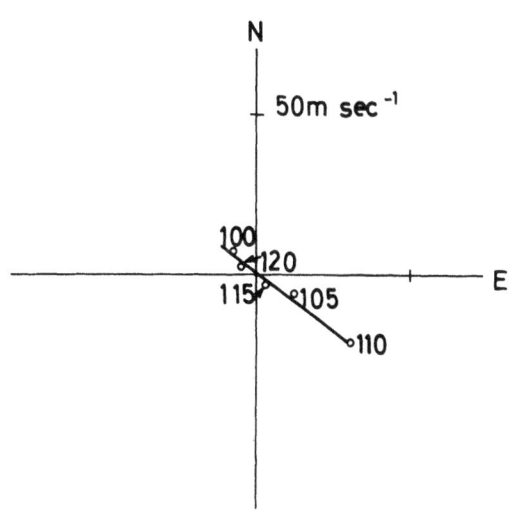

Abb. 17

## C  Halbtägige Komponente im Nordsommersolstitium

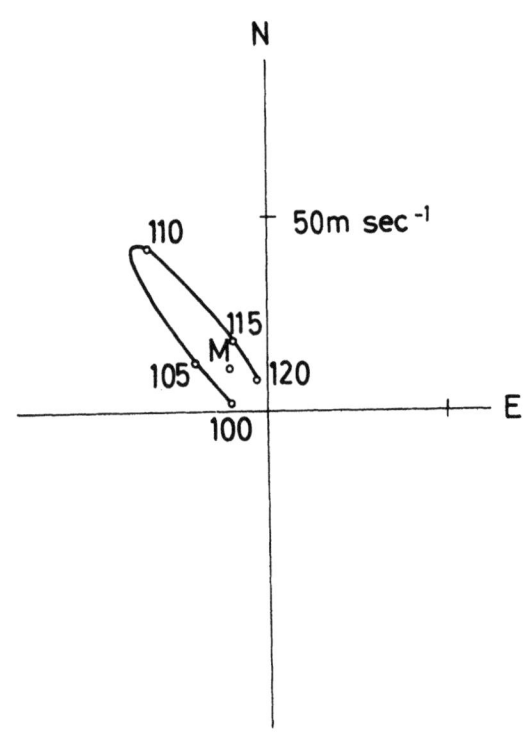

Abb. 18

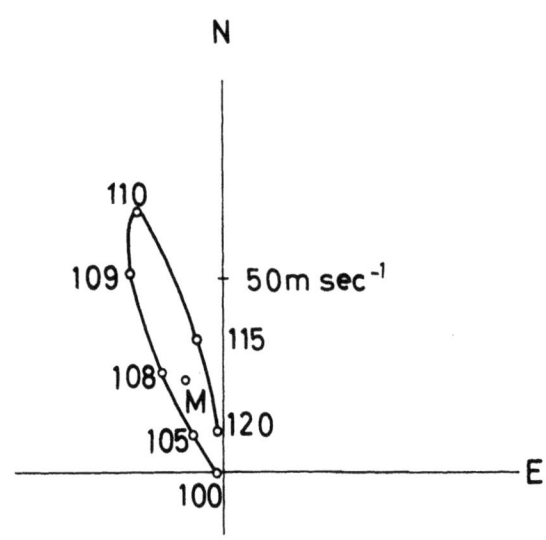

Abb. 19

NORDSOMMER
n=2, 20° N

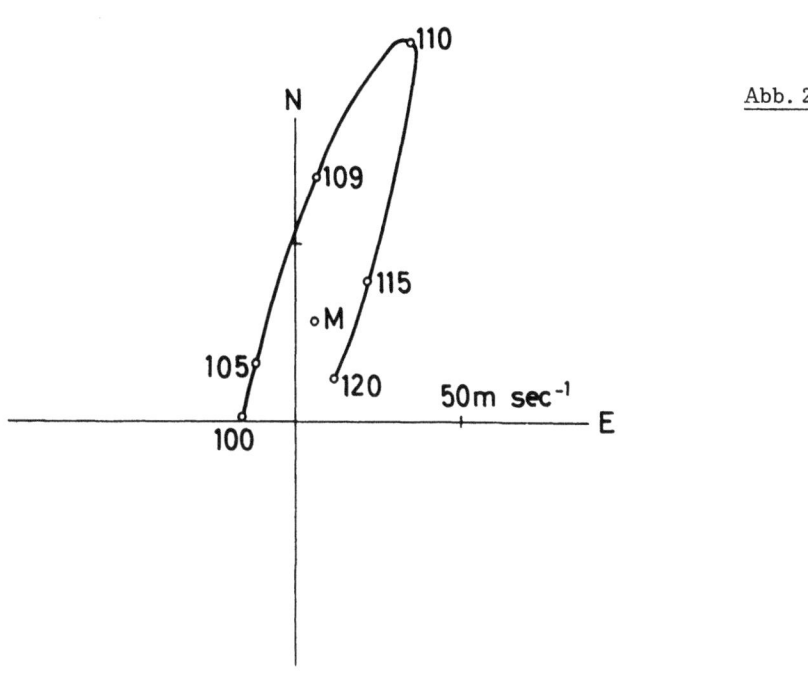

Abb. 20

NORDSOMMER
n=2, 0°

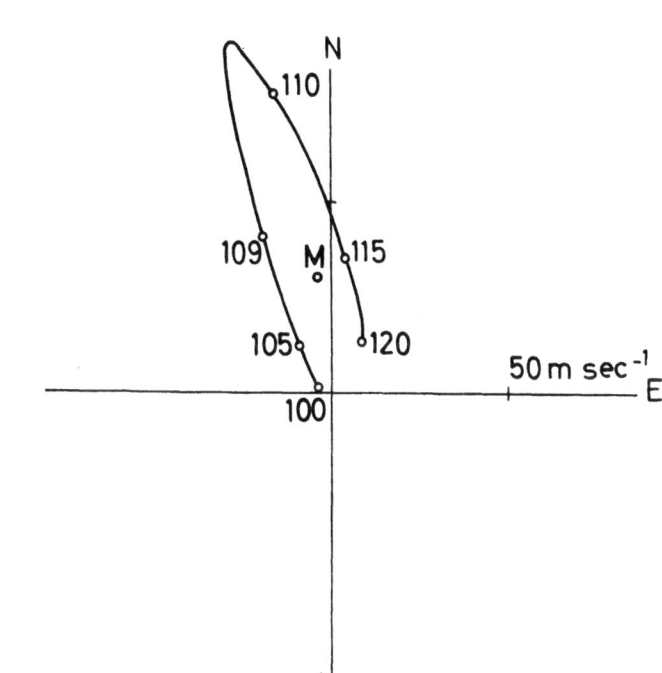

Abb. 21

A. 5                         - 54 -

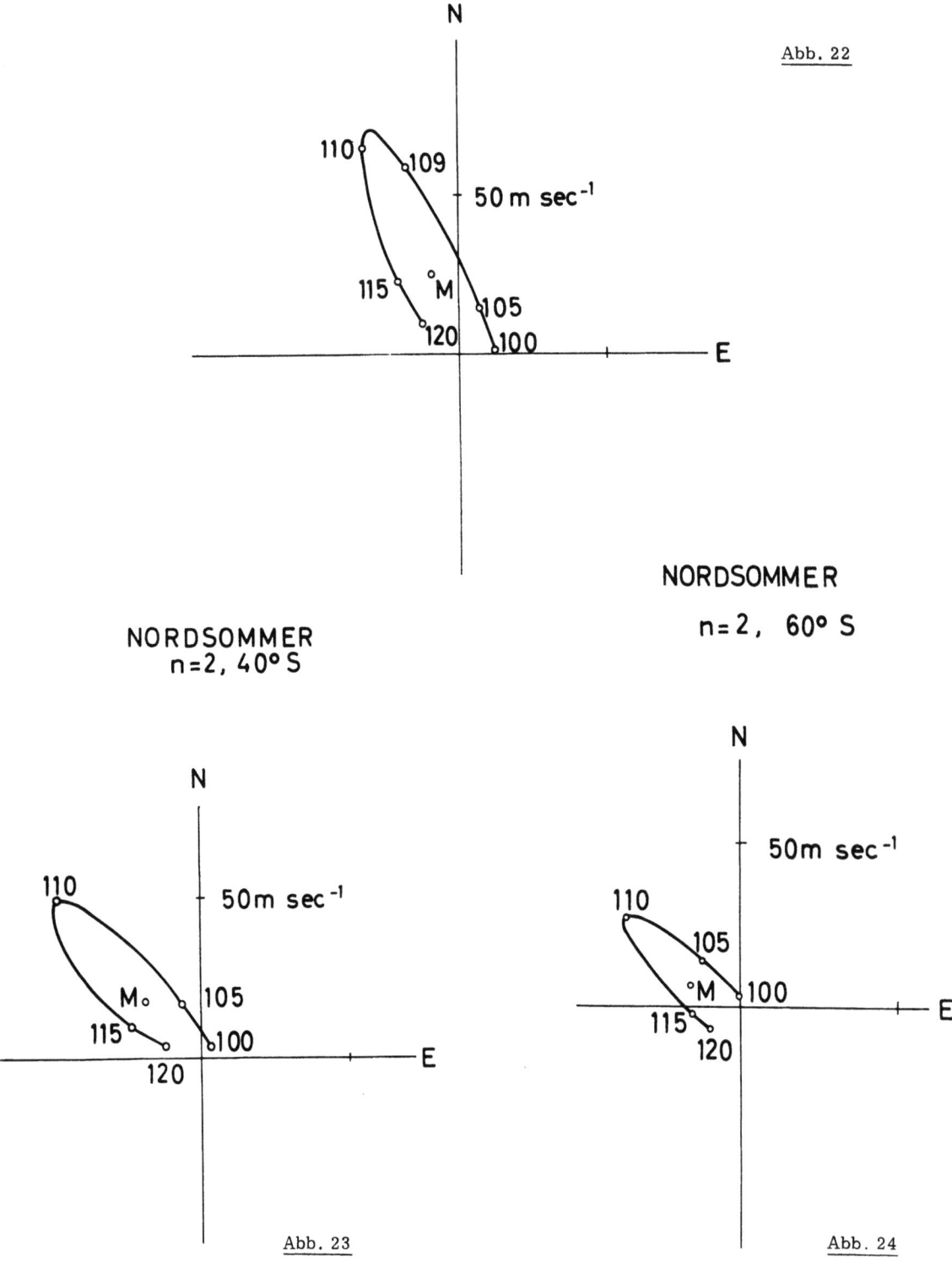

D   Halbtägige Komponente im Äquinoktium

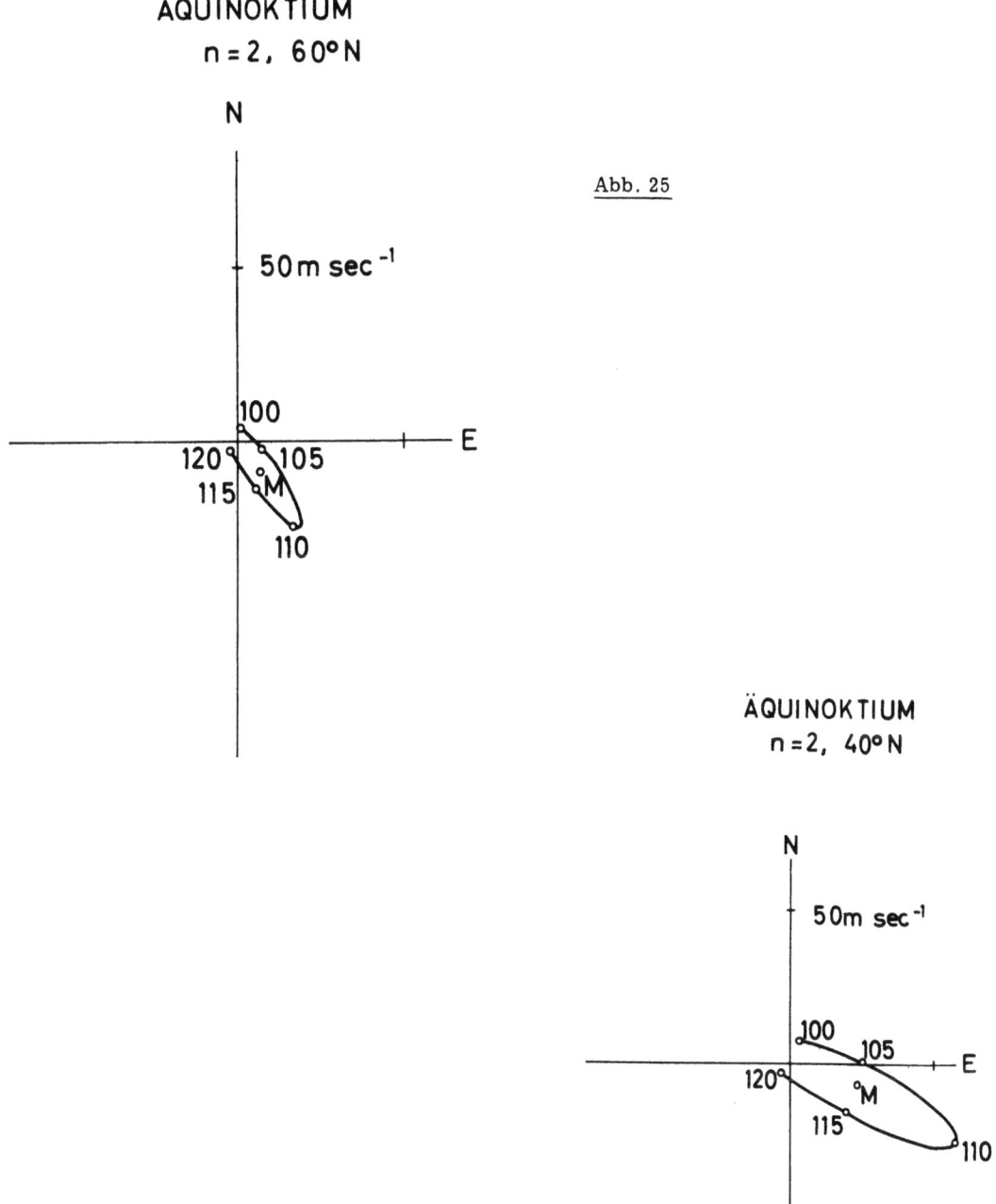

Abb. 25

Abb. 26

ÄQUINOKTIUM
n=2, 20°N

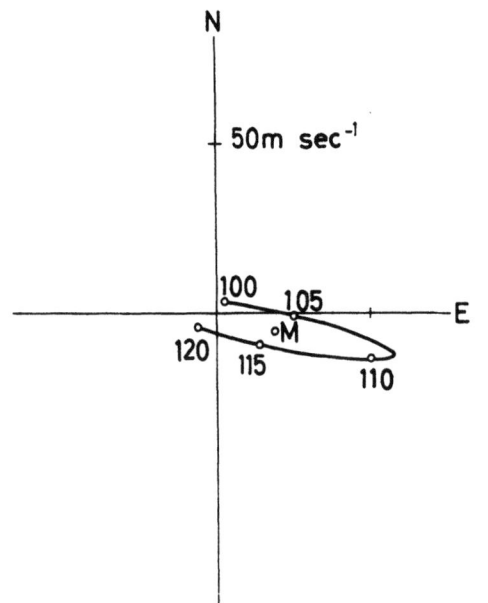

Abb. 27

ÄQUINOKTIUM
n=2, 0°

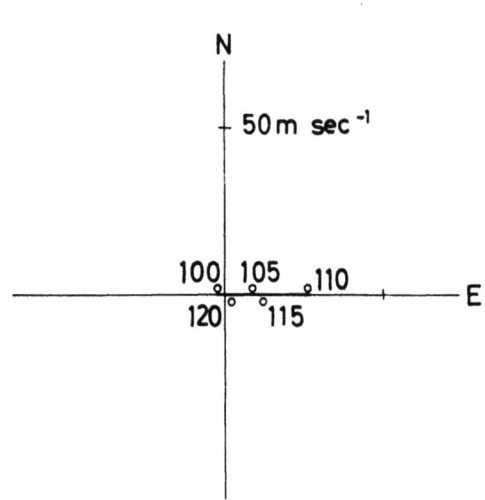

Abb. 28

## Literaturverzeichnis

BARTELS, J.: Gezeitenkräfte.- Handbuch der Physik 48, Geophysik II, 734-774, Springer Verlag, 1957.

BELOUSOV, S.L.: Tables of normalized associated Legendre Polynomials.- Pergamon Press, Oxford, 1962.

BLAMONT, J.E.: Turbulence in atmospheric motions between 90 and 130 km altitude. Plan. Space Sci. 10, 89-101, 1968.

BLAMONT, J.E. und J. BARAT: Variation avec l'altitude de la structure du champ de turbulence turbosphérique.- Ann. Géophys. 24, 375-380, 1968.

BLAMONT, J.E. und J. DE JAGER: Upper atmospheric turbulence near the 100 km level.-Ann. Géophys. 17, 134-144, 1961.

CHAPMAN, S.: The absorption and dissociative or ionizing effect of monochromatic radiation in an atmosphere on a rotating earth.-Proc. phys. soc. London 43, 483-501, 1931

DETWILLER, C.R., D.L. GARETT, J.D. PURCELL und R. TOUSEY:
The intensity distribution in the ultraviolet solar spectrum.-Ann. Géophys. 17, 263-272, 1961.

ELFORD, W.G.: A study of winds between 80 and 100 km in medium latitudes.- Plan. Space Sci. 1, 94-101, 1959.

FLATTERY, T.W.: Hough Functions.- Technical Report No 21, Dept. of Geophysical Sciences, University of Chicago, 1967.

GREENHOW, J.S. und E.L. NEUFELD:
Measurements of turbulence in the 80-100 km region from the radio echo observations of meteors.- J. Geophys. Res. 64, 2129, 1959.

GREENHOW, J.S. und E.L. NEUFELD:
Winds in the upper atmosphere.- J. Roy. Meteor. Soc. 87, 472-489, 1961.

GROSSMANN, S.: Funktionalanalysis. - Akademische Verlagsgesellschaft, Frankfurt/Main, S. 177 ff., 1970.

GUPTA, J.C.: Relative impotance of solar radiation and gravitational tide in causing geomagnetic variation.- J. Geophys. Res. 72, 1580-1583, 1967.

HALL, L.A., K.R. DAMON und H.E. HINTEREGGER:
Solar extreme ultraviolet photon flux measurements in the upper atmosphere of August 1961.- Space Research III. North-Holland Publishing Co., Amsterdam, 1963.

HAURWITZ, B.: Dynamic Meteorology.- Mc Graw-Hill Book Co. Inc., New York, S. 288 ff., 1941.

HAURWITZ, B.: Tidal phenomena in the upper atmosphere.- W.M.O. Rept., No 146, 1964.

HINES, C.O.: Diurnal tide in the upper atmosphere.- J. Geophys. Res. 71, 1453-1459, 1966.

HINTEREGGER, H.E.: Absorption spectrometric analysis of the upper atmosphere in the EUV region.- J. Atmos. Sci. 19, 351, 1962.

HOUGH, S.S.: On the application of harmonic analysis to the dynamical theory of tides.-
1 Phil. Trans. Roy. Soc. London A 189 (1897), 201-257.
2 Phil. Trans. Roy. Soc. London A 191 (1898), 139-185.

IZAKOV, M.N. und S.K. MOROZOV: Heating function of the thermosphere II.- Geomagn. and Aeronomy 10, 495-500, 1970.

| | |
|---|---|
| JOHNSON, F.S.: | The solar constant. - J. Meteor. 11, 431-439, 1954. |
| KOCHANSKI, A.: | Atmospheric motions from sodium cloud drifts. - J. Geophys. Res. 69, 3651-3662, 1966. |
| LANDAU-LIFSCHITZ: | Lehrbuch der Theoretischen Physik VI, Hydrodynamik. Akademie-Verlag, Berlin, § 81, 1966. |
| LINDZEN, R.S.: | The application of classical atmospheric tidal theory. - Proc. Roy. Soc. London A 303, 299-316, 1968. |
| MAEDA, H.: | Horizontal wind systems in the ionospheric E-region deduced from the dynamo theory of magnetic Sq-variation. - J. Geomagn. Geoelectr. 9, 68-93, 1957. |
| MANRING, E., J. BEDINGER, H. KNAFLICH und D. LAYZER: | An experimentally determined model for the periodic character of winds from 85-135 km. - NASA Contractor Rept., NASA CR-36, 1964. |
| PEKERIS, C.L.: | Effect of quadratic terms in the differential equations of atmospheric oscillations. - Natl. Adv. Comm. Aeronaut. Tech. Notes, 2314, 1951. |
| SIEBERT, M.: | Atmospheric Tides. - Advances in Geophysics 7, 105-187, 1961. |
| TRANTER, C.J.: | Integral transforms in mathematical physics. - Methuen Co. Ltd., S. 77 ff., 1966. |
| WATANABE, K. und H.E. HINTEREGGER: | Photoionization rates in the E- and F-regions. - J. Geophys. Res. 67, 999, 1962. |
| WATSON, G.N.: | Treatise on the theory of Bessel Functions. - 2. Aufl. Cambridge University Press, Kap. 18, 1944. |
| WOODRUM, A. und C.G. JUSTUS: | Atmospheric tides in the height region 90-120 km. - J. Geophys. Res. 73, 467-479, 1968. |

## Verzeichnis der Mitteilungen aus dem Max-Planck-Institut für Physik der Stratosphäre

---

Nr. 1/1953    Über den Beitrag der von $\mu$-Mesonen angestoßenen Elektronen zu den Ultrastrahlungsschauern unter Blei. G. Pfotzer

Nr. 2/1954    Ein Zählrohrkoinzidenzgerät zur Registrierung der kosmischen Ultrastrahlung. A. Ehmert

Eine einfache Methode zur Einstellung und Fixierung des Expansionsverhältnisses von Nebelkammern. G. Pfotzer

Nr. 3/1954    Optische Interferenzen an dünnen, bei $-190^0$C kondensierten Eisschichten. Erich Regener (vergriffen)

Nr. 4/1955    Über die Messung der Temperatur des atmosphärischen Ozons mit Hilfe der Huggins-Banden. H. Zschörner und H. K. Paetzold

Nr. 5/1956    Ein neuer Ausbruch solarer Ultrastrahlung am 23. Februar 1956. A. Ehmert und G. Pfotzer, vergriffen (erschienen Z. Naturforschung 11a, 322, 1956)

Nr. 6/1956    Das Abklingen der solaren Ultrastrahlung beim Ausbruch am 23. Februar 1956 und die geomagnetischen Einfallsbedingungen. A. Ehmert und G. Pfotzer

Nr. 7/1956    Die Impulsverteilung der solaren Ultrastrahlung in der Abklingphase des Strahlungseinbruches am 23. Februar 1956. G. Pfotzer

Nr. 8/1956    Die atmosphärischen Störungen und ihre Anwendung zur Untersuchung der unteren Ionosphäre. K. Revellio

Nr. 9/1956    Solare Ultrastrahlung als Sonde für das Magnetfeld der Erde in großer Entfernung. G. Pfotzer

\*

Die vorstehenden Hefte können beim Max-Planck-Institut für Aeronomie, 3411 Lindau angefordert werden.

**Mitteilungen aus dem Max-Planck-Institut für Aeronomie**

Nr. 1 (S) 1959 Waibel: Messungen von Primärteilchen der kosmischen Strahlung.

Nr. 2 (S) 1959 Erbe: Auswirkung der Variationen der primären kosmischen Strahlung auf die Mesonen- und Nukleonenkomponente am Erdboden.

Nr. 3 (I) 1960 Kohl: Bewegung der F-Schicht der Ionosphäre bei erdmagnetischen Bai-Störungen.

Nr. 4 (I) 1960 Becker: Tables of ordinary and extraordinary refractive indices, group refractive indices and $h'_{o,x}(f)$-curves or standard ionospheric layer models.

Nr. 5 (S) 1961 Schröpl: Über eine Neubestimmung des Absorptionskoeffizienten von Ozon im Ultraviolett bei kleinen Konzentrationen.

Nr. 6 (S) 1961 Erbe: Ergebnisse der Ballonaufstiege zur Messung der kosmischen Strahlung in Weissenau und Lindau.

Nr. 7 (S) 1962 Meyer: Elektromagnetische Induktion eines vertikalen magnetischen Dipols über einem leitenden homogenen Halbraum.

Nr. 8 (I u. S) 1962 Dieminger und Mitarb.: Die geophysikalischen Ereignisse des 12. - 14. November 1960.

Nr. 9 (S) 1962 Pfotzer, Ehmert, and Keppler: Time Pattern of Ionizing Radiation in Balloon Altitudes in High Latitudes. Part A, Text; Part B, Figures and Diagrams.

Nr. 10 (S) 1963 Waibel: Eine Ballonsonde zur Messung von Röntgenstrahlung und solarer Ultrastrahlung.

Nr. 11 (S) 1963 Voelker: Zur Breitenabhängigkeit erdmagnetischer Pulsationen.

Nr. 12 (S) 1963 Jaeschke: Registrierung von Pulsationen im südlichen Niedersachsen als Beitrag zur erdmagnetischen Tiefensondierung.

Nr. 13 (S) 1963 Meyer: Elektromagnetische Induktion in einem leitenden homogenen Zylinder durch äußere magnetische und elektrische Wechselfelder.

Nr. 14 (S) 1964 Kremser: Über den Zusammenhang zwischen Röntgenstrahlungs-Ausbrüchen in der Polarlichtzone und bayartigen erdmagnetischen Störungen.

Nr. 15 (S) 1964 Keppler: Messung von Röntgenstrahlung und solaren Protonen mit Ballongeräten in der Nordlichtzone.

Nr. 16 (S) 1964 Kirsch: Die Anisotropien der kosmischen Strahlung.

Nr. 17 (S) 1964 Guilino: Ausbau eines Wechsellichtmonochromators und seine Anwendung zur Messung des Luftleuchtens während der Dämmerung und in der Nacht.

Nr. 18 (S) 1965 Pfotzer and Ehmert: Measurements of High Energetic Auroral Radiations with Balloon-Borne Detectors in 1962 and 1963 Part A to C, Text; Part D, Figures and Diagrams.

Nr. 19 (I) 1965 Hartmann: Bestimmung wichtiger Satellitenpositionen mit Hilfe graphischer Darstellungen.

Nr. 20 (S) 1965 Keppler: Über die Eigenschaften von Zählrohren und Ionisationskammern in verschiedenartigen Strahlungsfeldern. - Zur Interpretation von Röntgenstrahlungsmessungen in Ballonhöhe in der Nordlichtzone.

Nr. 21 (S) 1965 Siebert: Zur Theorie erdmagnetischer Pulsationen mit breitenabhängigen Perioden.

Nr. 22 (S) 1965 Meyer: Zur 27 täglichen Wiederholungsneigung der erdmagnetischen Aktivität, erschlossen aus den täglichen Charakterzahlen C 8 von 1884-1964.

Nr. 23 (S) 1965 Frisius: Über die Bestimmung von Längstwellen - Ausbreitungsparametern aus Feldstärkemessungen am Erdboden.

Nr. 24 (I) 1965 Ma: Einfluß der erdmagnetischen Unruhe auf den brauchbaren Frequenzbereich im Kurzwellen-Weitverkehr am Rande der Nordlichtzone.

Nr. 25 (S) 1965 Kremser, Keppler, Bewersdorff, Saeger, Ehmert, Pfotzer, Riedler, Legrand: X - Ray Measurements in the Auroral Zone from July to October 1964.

Nr. 26 (I) 1966 Stubbe: Theoretische Beschreibung des Verhaltens der nächtlichen F - Schicht.

Nr. 27 (S) 1966 Wilhelm: Registrierung und Analyse erdmagnetischer Pulsationen der Polarlichtzone, sowie ein Vergleich mit Bremsstrahlungsmessungen.

Nr. 28 (S) 1967 Fabian: Über eine neue Ozonradiosonde und Untersuchung von Lufttransporten in der unteren Stratosphäre.

Nr. 29 (S) 1967 Specht: Über die Absorptions- und Emissionsstrahlung der atmosphärischen Ozonschicht bei der Wellenlänge 9,6 $\mu$.

Nr. 30 (I) 1967 Rose und Widdel: Ein Meßgerät zur Bestimmung der Strömungsgeschwindigkeit in kurzen Rohren (Ionenzählern) bei niedrigem Gasdruck.

Nr. 31 (I) 1967 Hartmann: Die Amplitudenregistrierungen des Satelliten Explorer 22, unter besonderer Berücksichtigung der Effekte, die bei Elevationswinkeln kleiner als 45° auftreten.

Nr. 32 (I) 1967 Rüster: Lösung von Bewegungsgleichungen und Kontinuitätsgleichung der F - Schicht mit speziellen Anwendungen auf erdmagnetische Baistörungen.

Nr. 33 (S) 1968 Müller: Zur Modulation der kosmischen Strahlung.

Nr. 34 (S) 1968 Münch: Statistische Frequenzanalyse von erdmagnetischen Pulsationen.

Nr. 35 (S) 1968 Schreiber: Das Magnetfeld des Ringstroms während der Hauptphase erdmagnetischer Stürme und ein Vergleich mit dem beobachteten $D_{st}$-Anteil des Störfeldes.

Nr. 36 (I) 1968 Elling: Spezielle Näherungsformeln der Appleton-Hartree-Gleichungen zur Interpretation der Absorption einer Mittelwellenausbreitung im nächtlichen E-Gebiet der Ionosphäre.

Nr. 37 (I) 1968 Jones: Application of the Geometrical Theory of Diffraction to Terrestrial LF Radio Wave Propagation.

Nr. 38 (S) 1969 Zürn: Zum weltweiten Auftreten erdmagnetischer Pulsationen vom Typ pc 4.

Nr. 39 (S) 1969 Tiefenau: Untersuchungen an Kanal-Elektronen-Vervielfachern.

Nr. 40 (S) 1970: Sonderheft zum 60. Geburtstag von Herrn Prof. Dr.-Ing. G. Pfotzer am 29. November 1969 und Herrn Prof. Dr.-Ing. A. Ehmert am 6. März 1970.

Nr. 41 (S) 1970 Stratmann: Berechnung des Wellenfeldes eines Längstwellensenders im Entfernungsbereich bis 1000 km zur kontinuierlichen Sondierung der tiefen Ionosphäre durch Feldstärkemessungen in geeigneten Entfernungen vom Sender.

Nr. 42 (S) 1970 Pruchniewicz: Über ein Ozon-Registriergerät und Untersuchung der zeitlichen und räumlichen Variationen des Troposphärischen Ozons auf der Nordhalbkugel der Erde.

Nr. 43 (S) 1970 Richter: Über eine Ballonsonde für Polarlichtmessungen und über den Vergleich von Polarlichtemissionen, Röntgenstrahlen und ionosphärischen Absorptionen.

Nr. 44 (S) 1970 Niapour: Untersuchungen über die mittlere Multiplizität der Verdampfungsneutronen als Maß für die Veränderungen des Energiespektrums der kosmischen Strahlung.

Nr. 45 (S) 1971 Tiefenau: Messungen von Ozonprofilen über dem Meer und Bestimmung des Ozonflusses in die Meeresoberfläche sowie der spezifischen Ozonzerstörungsrate in der maritimen Grenzschicht.

Nr. 46 (S) 1972 Roeckner: Temperaturberechnung der Venusatmosphäre bis 80 km Höhe aufgrund solarer und thermischer Strahlungsströme sowie konvektiver und turbulenter Wärmetransporte.

If you have any concerns about our products,
you can contact us on
**ProductSafety@springernature.com**

In case Publisher is established outside the EU,
the EU authorized representative is:
**Springer Nature Customer Service Center GmbH
Europaplatz 3, 69115 Heidelberg, Germany**

Printed by Libri Plureos GmbH
in Hamburg, Germany